浙江省第二十届大学生结构设计竞赛作品集锦

金 波 罗尧治 编著

ZHEJIANG UNIVERSITY PRESS
浙江大学出版社
·杭州·

图书在版编目(CIP)数据

浙江省第二十届大学生结构设计竞赛作品集锦 / 金波,罗尧治编著. —杭州 : 浙江大学出版社,2024.2
ISBN 978-7-308-24648-4

Ⅰ. ①浙… Ⅱ. ①金… ②罗… Ⅲ. ①建筑结构—结构设计—作品集—中国—现代 Ⅳ. ①TU318

中国国家版本馆 CIP 数据核字(2024)第 015544 号

浙江省第二十届大学生结构设计竞赛作品集锦

金　波　罗尧治　编著

策划编辑	丁佳雯
责任编辑	韦丽娟
责任校对	丁佳雯
封面设计	周　灵
出版发行	浙江大学出版社
	(杭州市天目山路 148 号　邮政编码 310007)
	(网址:http://www.zjupress.com)
排　　版	杭州晨特广告有限公司
印　　刷	杭州高腾印务有限公司
开　　本	787mm×1092mm　1/16
印　　张	17
字　　数	393 千
版印次	2024 年 2 月第 1 版　2024 年 2 月第 1 次印刷
书　　号	ISBN 978-7-308-24648-4
定　　价	78.00 元

编写委员会

序　言

　　大学生结构设计竞赛是教育部、财政部首次联合批准发文（教高函〔2007〕30 号）的全国性九大学科竞赛资助项目之一，也是浙江省教育厅高教处批准的省级 A 类学科竞赛项目之一，被誉为"土木皇冠上最璀璨的明珠"，旨在培养和提高大学生的创新意识、创新能力、团队协作精神和工程实践能力，进一步激发大学生的学习兴趣，使其在竞赛中真正实现"展示才华、提升能力、培养协作、享受过程"的目标。其在培养大学生的创新思维与团队精神、增强大学生工程结构设计与实践能力、丰富校园学术氛围、增进浙江省高校师生相互交流与学习方面，有着重要的意义和作用。

　　2022 年 6 月 3 日至 5 日，浙江省"大经·宜和杯"第二十届大学生结构设计竞赛暨全国大学生结构设计竞赛浙江省分区赛在杭州科技职业技术学院举行。本次竞赛由浙江省大学生科技竞赛委员会主办、杭州科技职业技术学院承办，有来自全省 49 所高校的 102 支队伍参加，本科、专科参赛队同台竞技，分组评奖。本次竞赛以"不等跨双车道拉索桥结构设计与模型制作"为题，要求参赛选手利用集成竹设计并制作能够承受移动荷载的桥梁结构模型，竞赛内容包括结构设计、模型制作、陈述与答辩、加载试验 4 个部分。浙江省大学生科技竞赛委员会副主任、全国大学生结构设计竞赛委员会委员兼秘书长陆国栋，全国大学生结构设计竞赛副秘书长毛一平、丁元新出席了本次竞赛，杭州科技职业技术学院党委书记谢列卫到场观摩竞赛，院长温正胞致闭幕词，院党委副书记何树贵宣布竞赛开幕，浙江省大学生结构设计竞赛专家委员会主任、浙江大学建筑工程学院院长罗尧治等专家全程参与评审，浙江大经建设集团股份有限公司董事长梁才代表专家委员会作竞赛点评。

　　本次竞赛确定了浙江省大学生结构设计竞赛的永久会徽和会旗，徽标设计采用"Z""空间结构""钱塘潮水"等元素，体现了浙江特色，且生动传达了结构设计竞赛"传承创新、协调合作、绿色环保、开放共享"的理念。

　　在浙江省教育厅高等教育处、浙江省大学生结构设计竞赛专家委员会、浙江大学的指导以及杭州科技职业技术学院的精心组织下，本次竞赛圆满完成了各项赛程。为了更好地让大家了解本次竞赛赛况和参赛作品，杭州科技职业技术学院组织多位专业教师对参赛作品进行了整理并汇编成册,全面展示参赛队伍的作品。由于时间仓促,作者水平有限,在编写过程中难免存在不足之处,敬请各位读者谅解和指正。

杭州科技职业技术学院城市建设学院

2023 年 2 月 20 日

CONTENTS 目录

何树贵副书记开幕式致辞

尊敬的各位专家、来宾,兄弟院校的老师、同学们:

大家下午好!

天下有水亦有山,富春山水非人寰。在这个生机勃勃的初夏时节,浙江省"大经·宜和杯"第二十届大学生结构设计竞赛暨全国大学生结构设计竞赛浙江省分区赛在我院正式开幕。在此,我谨代表学院党委和全体师生,向各位专家、来宾以及来自省内49所兄弟院校的老师和大学生朋友们表示热烈的欢迎! 向为竞赛给予充分帮助的竞赛秘书处,以及支持企业和服务竞赛的各位专家、裁判、工作人员表示衷心的感谢!

杭州科技职业技术学院是由杭州市人民政府主办的普通高等职业院校。现有全日制在校学生1.1万余人,成人学历教育在籍学生2.2万余人;教职员工800余人,其中专任教师383人,副高以上职称183人。学院在杭州主城区、富阳高桥、建德严州等地设有校区,校园占地面积900余亩,总建筑面积超过42万平方米,在新安江、富春江、钱塘江的"三江两岸"形成了"拥江发展"的空间布局。其中位于杭州富阳高教综合体内的高桥主校区,占地面积近800亩,建筑面积约34万平方米,是目前浙江省内最漂亮的山水校园、生态校园之一。富阳高桥校区拥有面积近3.5万平方米的17层创业园大楼,2020年被确立为浙江省省级科技企业孵化器。位于钱塘新区的国家级"智能制造"开放性公共技能实训基地,占地面积40余亩,投资3亿元,于2022年全面投入使用,致力于打造杭州推进实施"新制造业计划"的重要平台和国内有影响力的产教融合平台。学院坚持以服务杭州区域经济社会发展为办学定位,不断提高人才培养质量,提升综合办学实力。学院还被评为国家"十三五"产教融合规划工程项目建设院校、全国现代学徒制试点单位、全国职业院校装备制造类示范专业点、全国高职院校社会服务贡献50强,主持建设国家职业教育专业教学资源库3项、国家专业教学标准1项,获评浙江省应用技术协同创新中心、浙江省首批高校示范性创业学院、浙江省首批省级产教融合示范基地。学院在浙江省高等职业院校教学工作及业绩考核排名中连续4年位列全省A等(优秀)行列,在浙江省毕业生职业发展状况及人才培养质量综合排名中连续4年位列全省高校前6名。

浙江省大学生结构设计竞赛历经19届,赛项规格高、影响广、参赛院校多,是全面培养大学生创新思维、团队协作能力和实践操作能力的好平台,更是激励建筑行业人才建设、职业教育发展、提高建筑业人才质量的好途径。杭州科技职业技术学院能够承办本次竞赛,是竞赛组委会对我院办学水平的充分肯定,也是学院深化内涵建设、强化学生技能培养、优化学院高品质发展的需要。我们将在竞赛秘书处的指导下,公平公正地办好本次竞赛,热情周到地做好服务,保证竞赛顺利举行。同时,请各位领导、专家、同行对我院的专业建设工作不吝指导。

最后,预祝浙江省"大经·宜和杯"第二十届大学生结构设计竞赛暨全国大学生结构设计竞赛浙江省分区赛取得圆满成功。

谢谢大家!

组织机构

浙江省第二十届大学生结构设计竞赛专家委员会

顾　　问：金伟良（浙江大学教授）

主　　任：罗尧治（浙江大学教授）

副主任：赵滇生（浙江工业大学教授）

委　　员：陈水福（浙江大学教授）

　　　　　郑荣跃（宁波大学教授）

　　　　　陈联盟（温州科技职业学院教授）

　　　　　夏玲涛（浙江建设职业技术学院教授）

　　　　　夏建中（浙江科技学院教授）

　　　　　周华飞（浙江工业大学教授）

　　　　　余世策（浙江大学研究员）

　　　　　干伟忠（宁波工程学院教授）

　　　　　金　　波（杭州科技职业技术学院教授）

　　　　　姚　　谦（衢州学院教授）

　　　　　梁　　才（浙江大经建设集团股份有限公司董事长、教授级高工）

浙江省第二十届大学生结构设计竞赛委员会秘书处

秘　书　长：陆国栋（全国大学生结构设计竞赛秘书长兼）

副秘书长：毛一平（全国大学生结构设计竞赛副秘书长兼）

丁元新（全国大学生结构设计竞赛副秘书长兼）

秘　　　书：姜秀英（全国大学生结构设计竞赛秘书兼）

浙江省第二十届大学生结构设计竞赛组织委员会

主　　　任：何树贵

副 主 任：金　波

秘 书 长：陈　龙

副秘书长：范大波

办 公 室：孙伟清　　夏香君　　翟清菊

组　　　员：郑君华　　李中培　　于正义　　褚　坚　　谢茜茜

　　　　　　邹　佳　　姚本坤　　陈秋维　　宋亚磊　　王　敬

　　　　　　平家秀　　胡冬冬　　刘　可　　徐宏伟　　董　辉

　　　　　　董贵平　　丁伟翔　　孙亚青　　田明刚　　张雪丽

　　　　　　高　娟　　蔡小沪　　李兴东　　谢秋铃　　吕正辉

　　　　　　龙玉梅　　张海霞　　文壮强　　刘永胜　　陈苏亚

浙江省第二十届大学生结构设计竞赛承办单位

杭州科技职业技术学院

杭州科技职业技术学院是杭州市人民政府主办的一所普通高等职业院校。学院于1999 年 12 月经浙江省人民政府批准,依托杭州成人科技大学筹建。2006 年 12 月,杭州市人民政府决定由杭州广播电视大学、杭州成人科技大学共同筹建杭州科技职业技术学院。2009 年 2 月,经浙江省人民政府批准,杭州科技职业技术学院正式建立。学院与杭州广播电视大学实行"两块牌子,一套班子"的管理体制。在办学过程中,陶行知先生于1928 年亲自指导创办的浙江省湘湖师范学校,以及杭州市城市建设学校、杭州广播电视中等专业学校等先后成建制并入杭州广播电视大学;创办于 1916 年被誉为"浙西山区园丁摇篮"的浙江省严州师范学校和杭州财税会计学校先后成建制并入杭州科技职业技术学院,是学院可追溯的重要办学渊源(见图 1)。

图 1 杭州科技职业技术学院校门

发展目标 学院第一次党代会确立了学院发展的总体目标,即"两步走、创一流":"第一步"是经过 5 年左右的努力奋斗,在基本实现"十三五"规划确立的发展目标的基础上,在建校 15 周年(2024 年)时,学院综合办学实力达到全国同类院校一流水平;"第二步"是在此基础上,再经过 10 年左右的努力,把学院建设成为特色鲜明的全国一流高职院校。

价值追求 学院以习近平新时代中国特色社会主义思想为指导,全面贯彻党的教育方针,以立德树人为本,以社会主义核心价值观为引领,结合高等职业教育的特点,传承和倡导陶行知"生活教育理论",弘扬"爱满天下"的学院精神。学院建设特色鲜明的校园文化,院训是"德业兼修知行合一",院风是"苦硬进取惟真惟实",教风是"教学相长自化化人",学风是"手脑双挥匠心致远"。

办学规模 学院现有全日制在校学生 1.1 万余人,成人学历教育在籍学生 2.2 万余人。全院教职员工 800 余人,其中在编教职工 522 名,高级专业技术人员 296 人,占比 37%。学院下设 8 个高职二级学院、1 个马克思主义学院、1 个继续教育学院、1 个基础教学部、1 个中专二级学院,开设智能制造、智慧建造、物联网技术、汽车工程、艺术人居、新零售管理、会奖旅游、学前教育等八大专业群的 38 个专业。

办学条件 目前,学院设有杭州主城区、富阳高桥、建德严州等校区,校园总占地面积 900 余亩,总建筑面积超过 42 万平方米。在新安江、富春江、钱塘江的"三江两岸"形成了"拥江发展"的空间布局。其中,位于杭州富阳高教综合体内的高桥主校区,占地面积近 800 亩,建筑面积约 34 万平方米,是目前浙江省内最漂亮的山水校园、生态校园之一。学院教学、科研、实训和文体设施条件优越,现有各类仪器设备总值近 3 亿元;建有国内一流的多功能、现代化大学图书馆和信息网络中心,馆藏各类图书 80 余万册。学院拥有面积近 3.5 万平方米的 17 层创业园大楼,开展创业创新、科技企业孵化等工作,2020 年被确立为浙江省省级科技企业孵化器。学院拥有面积超过 3 万平方米的国际教育文化交流中心。位于钱塘区的国家"十三五"产教融合发展工程规划项目"智能制造"开放性公共实训基地,占地面积 40 余亩,投资 3 亿元,于 2022 年全面投入使用,致力于打造杭州推进实施"新制造业计划"的重要平台和国内有影响力的产教融合平台。

城市建设学院

城市建设学院是学院下设的高职二级教学单位,其前身是 1979 年由杭州市城乡建委主办的杭州市城市建设学校,至今已有 40 余年的土建类专业办学经验,是全省综合类高职院校中土建类专业门类最齐全、最具特色的学院(见图 2)。

图 2　城市建设学院

学院深入开展教学改革,坚持"集群建设、特色引领、重点支撑"的建设思路,市政工程技术(智慧建造)专业群于 2020 年 12 月获浙江省高职高水平专业群(B 类)立项。现设有市政工程技术、建筑工程技术、建筑设备工程技术、工程造价、建筑经济信息化管理等 5 个专业。

学院深化产教融合、校企合作,推进人才培养模式改革,构建具有土建类专业特色的"识岗—跟岗—模岗—顶岗"的实践教学体系。学院还与省内同类院校错位发展,与多所中职学校合作开展中高职一体化人才培养;与台湾东南科技大学合作办学;积极响应学校与毕节职业技术学院(以下简称毕节职院)合作共建战略,共同培养市政工程技术专业人才,指导毕节职院建筑工程技术专业(省级骨干专业)建设,助推毕节职院高质量内涵式发展。学院主持市政工程技术专业国家教学资源库建设,参与建筑设备工程技术专业国家资源库建设;与国家开放大学合作共建建筑工程技术、建筑工程管理、道路桥梁工程技术等专业教学资源库。

学院坚持以立德树人为本,秉承陶行知"爱满天下"的教育情怀,积极践行"知行合一"的教育理念,以学院行知文化为引领,打造鲁班文化品牌,厚植文化育人理念,构建文化育人体系,培养具有新时代工匠精神和可持续发展能力的建筑行业应用型技术技能人才。学院现有全日制在校学生近 1700 人,历年就业率均在 97% 以上,毕业生深受用人单位的好评。

学院拥有一支教学能力强、工程经验丰富的教学团队和一支颇具战斗力的管理团队。现有教职工 52 人,其中拥有高级职称的专业教师占 50% 以上,"双师"素质教师占 85%。全国住房和城乡建设职业教育教学委员会委员 2 人,浙江省高职高专院校专业带头人 3 人、浙江省 151 人才工程培养人选 1 人、浙江省师德先进个人 1 人,杭州市 131 人才工程培养人选 6 人、杭州市教学名师培养 1 人、杭州市教育工匠 1 人、杭州市高层次人才 15 人、杭州市黄炎培职业教育奖 1 人,一级注册结构师、注册监理工程师、注册造价工程师等国家级注册师执业资格 30 余人。

学院建有院内实训基地近万平方米,拥有中央财政支持的建筑技术实训基地、高等职业教育创新发展行动计划(2015—2018 年)国家生产性实训基地,浙江省"十二五"示范性土木工程实训基地、浙江省"十三五"示范性地下工程智能化实训基地、浙江省"十三五"高等职业教育示范性实训基地,杭州市属高校产学对接校企共建绿色建筑技术实训基地和杭州市重点土建工程实训基地各 1 个。近 2 年,学院携手行业领军企业共建高水平专业化产教融合实训基地,在国内率先建成"智慧建造"产教融合实践基地,获得教育部生产性实训基地的认定。其中,与广联达科技股份有限公司共建"智慧建造"实训基地,基地建有"智慧建造"实训中心、"智慧工地"综合实训中心、数字城市中心、虚拟仿真实训中心、数字测绘中心、创新协同中心等;与之江管廊研究院共建地下工程智能化实训基地,按 1:1 真实管廊建设,以培养创新型、复合型智慧施工,智慧管理以及智慧运维领域的专业人才(见图 3)。

地下工程智能化实训中心

管廊监控实训中心

"智慧建造"实训中心

"智慧工地"实训中心

图3　各类实训中心

学院建有土木工程新技术应用研究所,与企业合作开展各类新技术、新工艺的研究。学院先后与60余家行业知名企业深度合作,开展现代学徒制试点,产教融合、双元育人;与浙江省建工集团有限责任公司共建"智慧建造"创新中心,与广联达科技股份有限公司共建"智慧建造"产业学院,与耀华建设管理有限公司共建数字建筑学院,牵头成立浙江省"智慧建造"产教融合联盟,"政—行—校—企"四方联动,着力打造浙江省建筑行业的职教航母,充分发挥职业教育对杭州区域经济和社会发展服务的示范引领作用。

浙江省第二十届大学生结构设计竞赛赞助企业

浙江大经建设集团股份有限公司

浙江大经建设集团股份有限公司成立于 2002 年 1 月,是浙江省上市办批准设立的规范化股份公司,注册地为浙江临海。企业注册资金 30300 万元,总资产 35 亿元,拥有以房屋建筑工程总承包特级为核心,涵盖市政、水利、土石方、地基基础、装饰、设备安装、房地产开发、钢结构等领域的多项高级建设资质。

公司是中国建筑 500 强企业、全国优秀施工企业,浙江省建筑重点骨干企业、浙江省建筑业诚信企业、浙江省工程建设用户满意施工企业、浙江省工商局 AAA 企业、台州市十强施工企业,临海市建筑行业龙头企业,以及金融机构 AAA 信用企业。

公司常年施工人员 1.5 万余人,专业技术经济管理人员 500 余人,一级注册建造师 70 余人,2017 年建筑业产值超 125 亿元。公司业务主要分布在浙江、上海、广东、安徽、江苏、山东、海南等地,以及电力、石化、水利、台资大陆项目等几大板块。公司执行 QEO"三位一体"的认证标准,坚持"顺势筹谋、以优取胜、绿色营造、服务社会"的管理方针,制定并实施建筑工程施工企业标准,工程必保"每建必优"和"每建必标化",每年均获省级优质工程奖和安全标化样板工地奖。公司先后获得"鲁班"奖、国家优质工程金质奖、全国 AAA 级安全文明标准化诚信工地等国家级最高质量安全奖,"钱江杯""白玉兰""黄山杯""国电优质工程"、省级文明标化工地等省级质量安全奖 50 余项,"西湖杯""括苍杯""灵江杯"等县(市、区)级质量安全奖 100 余项。

公司致力于推进技术进步,加强信息化管理,创建企业技术中心,不断开发新技术、新工艺和新工法;积极提升机械化施工装备水平,拥有各类先进的施工机械 380 台(件),主要装置包括 40 吨/米~300 吨/米塔吊 100 余台,现场搅拌站及泵送设备 50 余台,大型土石方机械、海上插板船、旋挖钻机 100 余台。

公司坚持"大器筑就经典"的经营理念,以大气、规矩和营造为法则,建造让业主满意的、能够承担"公共产品制造者"责任的优质建筑产品。工程品质必保"每建必优",积极创造和谐工地与和谐社会,积极参与社会慈善公益事业,获浙江省援建四川灾区过渡安置房集体一等功,常年保持浙江省文明单位称号。

浙江宜和新型材料有限公司

浙江宜和新型材料有限公司(以下简称宜和新材)是一家集设计制造、安装租赁、技术服务等于一体的多元化发展的建筑科技型企业。公司于 2018 年 7 月成立,注册资金 7350.346 万元。业务范围涵盖铝合金模板、盘扣式脚手架、附着式升降脚手架、建筑智能化,以及新材料的技术研发、推广及技术咨询等领域。

宜和新材围绕立足长三角、辐射珠三角的战略布局,项目覆盖浙江、江苏、安徽、广东等地。公司还在浙江杭州、山东菏泽、江苏盐城和湖南长沙等地设立了分公司和工厂。2022 年,杭州市金融投资集团有限公司的子公司杭州金融投资租赁有限公司入股宜和新材,并与宜和新材建立了深度的战略合作伙伴关系,实现战略协同、优势互补。

宜和新材以过硬的产品质量和服务收获了众多荣誉:2019 年,获全国模板脚手架租赁承包行业建筑劳务品牌企业;2021 年,获中国建筑铝合金模板产业质量 & 服务品牌企业;在 2020—2021 年富阳区企业"双抢双增"大比武中,获"规上服务业企业"第一名。

杭州邦博(BAMBOO)科技有限公司

杭州邦博科技有限公司成立于 2009 年,是一家专业从事高品质竹产品深层次开发、设计、生产、销售及安装施工的综合性高科技企业。公司属于国家林业和草原局竹子研究开发中心(以下简称竹子中心)重点孵化企业。

竹子中心是国内唯一一家从事竹子加工研究的国家级科研事业单位,拥有一批专业从事竹子加工的高科技人才。其中,二级研究员 1 人、博士 8 人、硕士 5 人;拥有价值 3000 多万元的竹加工实验仪器设备,2015 年被评为国家级重点实验室。近年来,竹子中心攻克了竹子加工利用的重大关键技术难题,同时长期承担商务部开展的非洲国家在竹加工利用领域的国际培训工作。

竹子中心的竹子高效利用创新示范基地位于杭州市临安区青山湖高科技城,生产示范基地投资 2000 万元,拥有国内外先进的竹加工生产设备。2016 年,竹子中心委托杭州邦博科技有限公司入住运营,主要从事竹子创意和高效开发利用,产品包括竹家具和竹建筑。另一原竹处理工厂位于安徽省宣城市宁国市,主要进行原竹加工工艺处理,产品用于原竹建筑和原竹景观项目。该工艺处理技术已取得多项专利,技术方面首创国内原竹结构装配式施工工艺,项目案例有中冶柏芷山国际度假公司游客接待中心原竹建筑、四川宜宾国际竹产品交易中心。

公司产品已成功应用于国内外一些大型建筑装饰项目中,如开封铂尔曼酒店、德清裸心谷民宿酒店、淮安天鹅湾温泉酒店、九寨沟丽思卡尔顿酒店、山东孙子文化园博物馆、贵州剑河温泉酒店、江山民宿、杭州千岛湖安麓酒店、湖南临湘旅游集散中心、安徽颍上旅游集散中心、杭州米兰洲际假日酒店、上海新旺阁大酒店、苏州依支水岸别墅会所、上海宝钢集团南京梅山宾馆、天津赛象大厦韩式料理、无锡灵山梵宫、杭州西湖春天餐饮连锁、金都地产、万科良渚阳光国际别墅、星星港湾售楼展示厅、东方郡售楼展示厅、名家厨房餐饮连锁门店等。

竞赛赛题

不等跨双车道拉索桥结构设计与模型制作

1.参赛要求

(1)每个参赛队只能提交一份模型作品,并全部用汉字命名(作品名称不得多于6个汉字)。作品名称不得出现参赛学校名称等信息。

(2)每位学生只允许参加一个参赛队,各队应独立完成理论方案设计与模型制作。严禁校与校之间、队与队之间交流参赛作品或理论与计算书雷同。竞赛期间专家组拟对参赛作品进行雷同性审核与评判,若认定为雷同的,将对参赛作品进行严肃处理,特此告知。请各参赛高校引起高度重视,诚信参赛,坚决杜绝雷同作品,确保竞赛公平公正。

(3)参赛高校必须在规定时间内在全国结构竞赛网站(www.structurecontest.com)浙江省分区赛栏目进行网络报名并提交理论方案等资料,逾期作自动放弃处理。参赛高校须指定1位教师(领队或指导老师)作为竞赛联系人,主要负责审核参赛队网上报名等相关信息,并于2022年4月1日前上报杭州科技职业技术学院组委会办公室。

(4)各参赛队必须在规定时间和地点参加竞赛活动,缺席者作自动放弃处理。竞赛期间不得任意换人,若有参赛队员因特殊原因退出,则缺人参赛。

(5)各高校参赛队必须参加竞赛全过程的各个环节(包括开幕式、赛前说明会、领队指导教师会、现场模型制作与加载测试、理论陈述与答辩、闭幕式与颁奖会等),否则视为自动放弃获奖资格。

2.理论方案要求

(1)内容和格式请按附件1《浙江省第二十届大学生结构设计竞赛理论方案》模版要求撰写和提交。特别提醒:在提交的方案的内容中不得出现与参赛学校名称等有关的信息,否则将酌情作扣分处理。

(2)本届竞赛理论方案须同时提交电子和纸质材料,电子材料须在2022年4月30日前上传至全国结构设计竞赛浙江省分区赛网站,竞赛专家组实行网络评审,逾期上传作自动放弃处理,理论方案为0分。

纸质材料在竞赛报到时递交,包括以下内容:①用A4纸双面打印、装订的理论方案文本一式 3 份;②用 A4 纸打印的模型照片(或效果图)1 份。

3.竞赛模型制作及加载系统

竞赛模型

模型结构形式限定为拉索桥(即以拉索为主要承重构件的预应力桥梁结构体系),如斜拉桥、悬索桥等,具体索塔形式和拉索布置方式不限,但桥梁模型须体现以拉索为主要承重构件。

模型桥长 600 mm + 1000 mm = 1600 mm(两边墩支座中心线间距离),主跨长1000 mm(误差在 +15 mm 内),次跨长 600 mm(误差在 +15 mm 内),桥面宽 250 mm(误差在 5 mm 内),桥面基准面以上净空高度控制在 600 mm 范围内,桥面基准面以下控制在 300 mm 范围内,桥梁的索塔投影面在 1600 mm×400 mm 范围内,两边墩支座处须设置横梁,横梁长 300 mm(误差在 +30 mm 内)。主墩和两个边墩支座的支承面标高如图 1 所示,其平面尺寸分别为 300 mm×300 mm 和 30 mm×30 mm。

在桥面上铺设由组委会统一提供的两块分开的车道桥面板,每块桥面板宽 100 mm,中心线相距 120 mm(即桥面板内侧边缘线间留有 20 mm 间隙)。桥面基准面以上两条车道(牵引线)中轴线方向须分别确保净空 200 mm(高)×100 mm(宽)范围内不能有任何杆件。主墩支承面标高以上 200 mm 范围内须确保通航净空(见图 1),小车行驶的行车面(即桥面板上)应在桥面基准面之上 20 mm 范围内,且桥面纵坡和横坡均限制在 3% 范围内。

在模型边界约束中,主墩底部须与统一提供的底板在支承面范围内刚性连接,边墩上的横梁端部直接放置在边支座支承面上,边支座支承面外侧有 L 形挡片,高 20 mm。

模型须满足上述尺寸要求,确保在桥面基准面上行驶的小车的牵引线保持水平,使小车可以顺利通行。

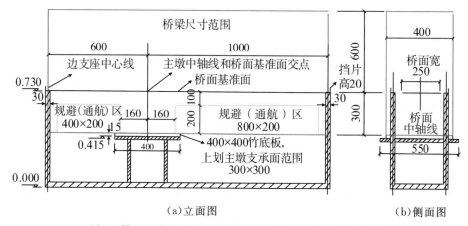

(a)立面图   (b)侧面图

图 1　模型尺寸范围示意(标高单位:m;其他单位:mm)(1)

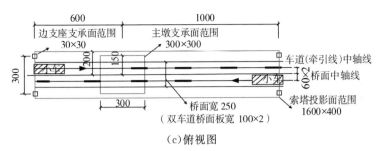

(c)俯视图

图1 模型尺寸范围示意(标高单位:m;其他单位:mm)(2)

加载系统

加载系统包括模型承台和1块底板、2块车道桥面板、2辆移动小车、9个砝码、1个重锤和1个配套弹簧(见图2)。

(1)模型承台和底板

根据模型尺寸和加载要求,提供模型承台(配有小车自动同步牵引装置)和1块竹底板。底板尺寸为400 mm×400 mm×15 mm,底板和承台通过4个角落的卡扣连接(见图3)。

(2)车道桥面板

提供2块车道桥面板,每块桥面板自重约1.15 kg。桥面板由分节段的钢片和纸胶带粘在一起;桥面板上设有2个障碍物,位于主跨和次跨跨中,其中1块桥面板上的障碍物的上坡方向从主跨指向次跨(桥面板1),另一块反向(桥面板2),使得2辆相向移动的小车在行驶中产生竖向振动荷载。桥面板厚度在1 mm左右,其他尺寸如图4所示。

(3)移动小车、砝码和牵引装置

提供2辆移动小车,每辆自重约0.60 kg,尺寸如图5所示。车体底面距离桥面25 mm。提供9个标准圆柱体加载砝码,每个砝码直径90 mm,高度20 mm,自重约1 kg。

(4)重锤和弹簧装置

提供1个重量为2 kg的重锤和1根配套的弹簧,弹簧劲度系数约为8 N/cm,该装置悬挂在下述专家指定位置。在弹簧下方的挂钩和卡扣之间绑扎2根细绳,长度分别为50 mm和150 mm。其中,长50 mm的绳子(细绳1)在加载时需要剪断,剪断后重锤自由下落,由长150 mm的绳子(细绳2)拉住,重锤和弹簧共同作用,模拟风力作用下引起桥梁结构的竖向振动,产生桥梁的结构"颤振"。为防止弹簧多次振动导致参数改变,弹簧、卡扣和细绳不重复使用,由主办方统一提供,重锤重复使用(见图6)。

图2 加载装置三维轴测示意(单位:mm)

15

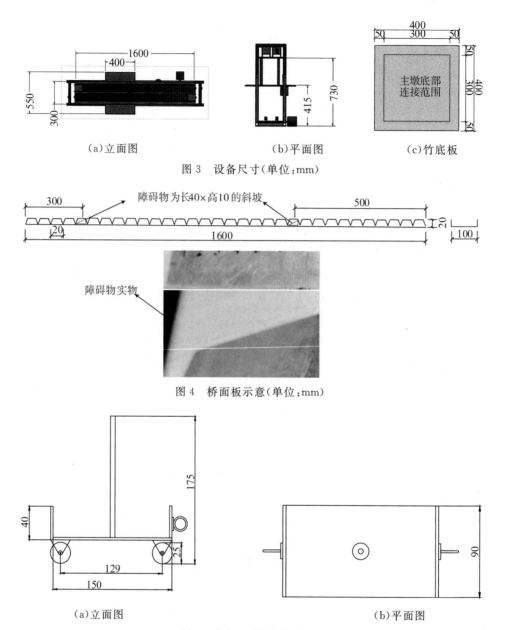

（a）立面图　　　　　　　（b）平面图　　　　　　（c）竹底板

图 3　设备尺寸（单位：mm）

图 4　桥面板示意（单位：mm）

（a）立面图　　　　　　　　　　　　　（b）平面图

图 5　小车尺寸（单位：mm）

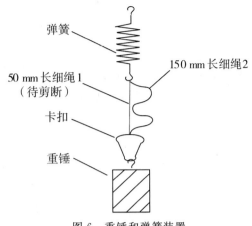

图 6　重锤和弹簧装置

模型制作要求以及材料和工具

模型制作时间为 9 小时。模型结构的所有构件、连接部件均采用给定材料手工制作完成。材料、竹底板和制作工具由竞赛主办方统一提供（可自带小型电子秤一台，现场不提供电源），具体如下：

（1）竹底板 1 块，在其显著位置标注自重，各参赛队不得对底板进行任何使重量改变的操作，如挖空、削皮、洒水等，否则视为违规；

（2）集成竹杆材，规格和力学指标见表 1 和表 2；

（3）502 胶水（30 g 装）8 瓶，用于结构构件之间的黏结；

（4）棉蜡线 3 卷（1 卷长 68 m，重 54.8 g），单股直径约 1.1 mm，单股抗拉承载能力约 68 N，弹性模量约 18.5 MPa，棉蜡线用于模型制作；

（5）尺子、简单刀具、砂纸、剪刀、手套、橡皮、笔、纸、护目镜。

表 1　竹杆材规格及用量

竹材规格		竹材名称	用量
竹杆件	930 mm×6 mm×1 mm	集成竹材	30 根
	930 mm×2 mm×2 mm	集成竹材	30 根
	930 mm×3 mm×3 mm	集成竹材	30 根

表 2　竹杆材力学指标（参考值）

密度	顺纹抗拉强度	抗压强度	弹性模量
0.8 g/cm³	60 MPa	30 MPa	6 GPa

随身物品寄存在入口处，在模型制作和加载期间不允许携带除图纸以外的任何模型制作物品入场。参赛队可自带设计详图图纸一张（图纸大小不得超过普通 A2 图纸的规格）。

4.加载测试

(1)加载前准备

参赛选手在规定时间,完成模型制作。制作结束后对模型整体称重,并核查模型是否满足要求。出现以下情况之一,则判定该模型为不合格,不予加载,参赛模型加载项成绩为0:①模型整体尺寸不符合要求,超出误差限值,包括桥长、宽度和高度;②索塔底部尺寸不符合要求,超出索塔支承面范围;③桥面纵坡和横坡不符合要求;④桥面上的净空不符合要求,小车无法正常通行;⑤桥面下的净空不符合要求,触碰规避区。

模型制作完成后,由参赛选手在主跨跨中(相距最近的边墩支座中心线 500 mm,下同)的桥面上边缘两侧(非桥面板)各绑扎一个圆形绳套,绳套直径在 20 mm 范围内,绳套重计入模型重量。先称重底板,标明底板重量,再将模型主墩底部与底板通过胶水刚性连接后整体称重,两者重量差值即为模型净重量。

由专家指定模型横向一侧作为风荷载和小车荷载的偏载侧(以下简称偏载侧),用马克笔在底板上标出。

加载前,由一名参赛选手介绍作品构思,时间控制在 1 分钟内,然后回答专家提问。参赛队陈述和评委提问两个环节与模型安装同时进行,然后依次进行两次加载过程。

(2)加载方法

加载过程包括如下两个阶段。

①第一阶段

首先由参赛选手按要求将桥面板 1 放在偏载侧,桥面板 2 放置在另一侧,将 2 辆小车分别停在偏载侧的车道主跨跨中和次跨跨中(相距最近的边墩支座中心线 300 mm),两车轮轴间中心分别与主跨跨中和次跨跨中对齐。规定在主跨跨中的小车上放置 4 个砝码,在次跨跨中的小车上放置 2 个砝码。再将重锤和弹簧装置悬挂在偏载侧主跨跨中桥面上边缘的绳套上。一级加载准备好后由参赛选手剪断细绳 1(见图 6),弹簧振动时间不少于 10 s。

第一阶段的重量 $M_1 = 11.5$ kg,包括小车、桥面板和重锤的重量。

②第二阶段

一级加载通过后,参赛选手可自行选择是否进行二级加载。

二级加载时,保持一级加载中的重锤和弹簧不动。将 2 辆小车分别移至 2 条车道的桥面板端部,两车头相向,规定 2 辆小车上的砝码数量比为 1:2,由参赛选手选择 1+2 个或 2+4 个或 3+6 个砝码组合中的一种,并将配重大的小车放置在偏载侧。二级加载时由参赛选手先按要求将小车摆放在初始位置,确定比砝码等级比,再启动小车。两辆小车在电机和同步带的牵引下,自动、相向、同步地匀速通过桥梁,小车行驶时间控制在 20 s 左右。

第二阶段的重量 $M_2 = 8.5$ kg 或 11.5 kg 或 14.5 kg,包括小车、桥面板和重锤的重量。

（3）评判标准

每一阶段的加载完成后,当模型达到加载时间时,不出现如下失效情况,则判定该次加载成功,成绩有效。如果出现以下情况,则判定结构失效,终止加载,且本阶段加载成绩为0:①模型坍塌;②小车侧翻;③砝码掉落;④桥梁严重变形导致车辆不能通行;⑤竞赛评委认定的其他模型加载失效的情况。

5.评分规则

根据理论方案、结构设计与制作、陈述与答辩、模型加载试验等4个方面进行评分,总分为100分(不能体现以拉索为主要承重构件的桥梁模型的总分由专家组讨论减5~20分)。凡不符合竞赛要求或参赛过程中有违规行为的将不被允许进行加载试验。具体评分规则如下。

（1）理论方案(5分)

根据结构设计与理论分析的完整性、合理性、创新性评分。

（2）结构设计与制作(10分)

①结构合理性和结构及造型创新性。

②模型制作质量与美观性。

（3）陈述与答辩(5分)

由参赛选手在1分钟内简要介绍作品构思并现场回答专家的提问。

（4）模型加载试验(80分)

①各参赛队模型在各加载阶段的承载能力 m_1、m_2,按如下方程式计算:

$$m_1 = \frac{M_1}{M}; m_2 = \frac{M_2}{M}$$

M_1——参赛队模型一级加载成功的配重,$M_1 = 11.5$ kg;

M_2——参赛队模型二级加载成功的配重,$M_2 = 8.5$ kg 或 11.5 kg 或 14.5 kg;

M——参赛队模型自重(单位:kg)。

②模型加载得分 C_i,按如下方程式计算:

$$C_i = \frac{m_1}{m_{1,\max}} \times 30 + \frac{m_2}{m_{2,\max}} \times 50$$

$m_{1,\max}$——一级加载时,参赛队模型加载成功的最大值;

$m_{2,\max}$——二级加载时,参赛队模型加载成功的最大值。

竞赛简报

第1期
◎ 2022年6月

新闻中心

放飞思维 创意无限

结构从不限定　佳绩始于非凡

▶ 详见2版
▶ 详见3版

◎ 浙江省大学生结构竞赛特刊
◎ 杭州科技职业技术学院编印

杭州科技职业技术学院欢迎您!

仲夏六月,万物并秀。在我们的殷切期盼中,迎来了浙江省"大经·宜业杯"第二十届大学生结构设计竞赛。经组委会精心筹备,本届竞赛克服疫情影响如期顺利开赛。本次比赛承办单位——杭州科技职业技术学院谨向参赛的省内49所高校102支参赛队伍的到来表示热烈的欢迎和诚挚的问候!

杭州科技职业技术学院以习近平新时代中国特色社会主义思想为指导,全面贯彻党的教育方针,以立德树人为根本,以社会主义核心价值观为引领,结合高等职业教育特点,传承和倡导陶行知"生活教育理论",弘扬"爱满天下"的学校精神,培育了大量高素质应用型人才。

二十载光阴,初心不变。大学生结构设计竞赛始终秉承"创新、协作、实践"精神,坚持"合作、联系、交流"为要义,成就了省内独具特色的赛事,为传承土木"工匠精神"和培养合格土木人作出了应有的贡献。浙江省第二十届大学生结构设计竞赛在我校举办,我们倍感荣幸,接过承办大旗后,校领导班子给予了高度重视和大力支持。在此,向来校领导、专家、老师和同学们表示衷心的祝福,祝大家顺利发挥,激发无限创意,赛出成绩、赛出友谊。

此次比赛过程中,组委会将秉承"公开、公平、公正、公信"的原则,确保大赛顺利进行。

预祝本届大赛取得圆满成功。谢谢!

学校简介

杭州科技职业技术学院是杭州市人民政府主办的一所普通高等职业院校。学校于1999年12月经浙江省人民政府批准,依托杭州成人科技大学开始筹建。2006年12月,杭州市人民政府决定依托杭州广播电视大学、杭州成人科技大学共同筹建杭州科技职业学院。2009年2月经浙江省人民政府批准正式建立。学校与杭州广播电视大学实行"两块牌子,一套机构"的管理体制。在办学过程中,陶行知先生于1928年亲自指导创办的浙江省湘湖师范学校、杭州市城市建设学校、杭州广播电视中等专业学校等先后成建制并入杭州广播电视大学,创办于1916年誉为"浙西山区园丁摇篮"的浙江省严州师范学校和杭州财税会计学校先后成建制并入杭州科技职业技术学院,均为办学可追溯的重要办学渊源。

发展目标： 学校第一次党代会确立了学校发展的总体目标是"两步走、创一流"。"第一步"是经过五年左右的努力奋斗,在基本实现"十三五"规划确立的发展目标基础上,到建校十五年(2024年)时,学校综合办学实力达到全国同类院校一流水平。"第二步"是在此基础上,再经过十年左右的努力,把学校建设成为特色鲜明的全国一流高职院校。

价值追求： 学校以习近平新时代中国特色社会主义思想为指导,全面贯彻党的教育方针,以立德树人为根本,以社会主义核心价值观为引领,结合高等职业教育特点,传承和倡导陶行知"生活教育理论",弘扬"爱满天下"的学校精神。学校建设特色鲜明的校园文化,校训是"德业兼修和合一",校风是"善规谏策敦推实",教风是"教学相长生化人",

学风是"手脑双挥匠心致远"。

办学规模： 学校现有全日制在校学生发11000人,成人学历教育在籍近16000人。全校有教职员工总数800人,其中在编教职工522名,高级专业技术人数占比37%。学校下设8个高职二级学院、1个马克思主义学院、1个继续教育学院、1个基础教学部、1个中专二级学院,开设智能制造、智慧建造、物联网技术、汽车工程、艺术人居、新零售管理、会展旅游、学前教育8大专业群38个专业。

办学条件： 目前,学校设有杭州城区、富阳高桥、建德严州等校区,校园总占地面积约900亩,总建筑面积约42万平方米。在新安江、富春江、钱塘江的"三江两岸"形成了"拥江发展"的空间格局。其中位于杭州富阳高教综合体内的高桥主校区,占地面积近800亩,建筑面积约34

万平方米,是浙江省内最漂亮的山水校园、生态校园之一。学校教学、科研、实训和文体设施条件优越,现有各类仪器设备总值达3亿元。建有国内水平一流的多功能、现代化大图书馆和信息网络中心,馆藏各类图书80余万册。学校拥有面积近3.5万平方米的17层创业园大楼,开展创业创新、科技企业孵化等工作,2020年被确立为浙江省省级创业企业孵化器。学校拥有面积近3万的国际教育文化交流中心。位于钱塘区的国家"十三五"产教融合发展工程规划项目"智能制造"开放性公共实训基地,占地40余亩,投资3亿元,2022年将全面投入使用,致力打造杭州推进实施"新制造业计划"的重要平台和国内有影响力的产教融合平台。

2版 视点关注　　　责任编辑：阚莹　　　**放飞思维 创意无限**

我校获第二十届浙江省大学生结构设计竞赛承办权

2019年5月11日，我校成功获得第二十届浙江省大学生结构设计竞赛承办权。2021年5月9日下午，浙江省"华神杯"第十九届大学生结构设计竞赛在台州学院落下帷幕，我校党委副书记何树贵应邀出席闭幕式并接过大赛会旗，标志着我校第二十届大赛承办工作正式启动。

大赛命题：不等跨双车道拉索桥结构设计与模型制作

浙江省"大经·宜和杯"第二十届大学生结构设计竞赛赛事在即，大赛命题是广大师生最关心的重点。为此，我们一直是了赛题解读版块。

本次大赛主题为"不等跨双车道拉索桥结构设计与模型制作"，就赛题的构思。命题组立足于目前中国的沿海桥梁工程，考虑到桥梁结构承受多方面复杂多变的荷载，从实际情况出发，以承受受向移动荷载和不定参数的模间风荷载的桥梁结构为灵感，要求设计并制作一个不等跨双车道桥梁结构模型。从大赛要求来说，也适合学生参赛，因此选取该结构物作为赛题。

省结构设计竞赛委专家来校指导赛事组织工作

学校举行浙江省第二十届大学生结构设计竞赛赛题评审会暨捐赠仪式

2021年12月12日，浙江省第二十届大学生结构设计竞赛赛题评审工作会议在我校召开。我校党委副书记何树贵，浙江大学建设工程学院院长、竞赛委员会主任罗尧治等14位竞赛评审专家，竞赛委员会部分委员和朱千一子，元彰所参出席会议，竞赛委员、城市建设学院相关负责人及教师参加会议。会议采用线上线下相结合的方式进行。

何树贵对此次大赛承办工作组织专家和竞赛委员会委员表示热烈欢迎，并感谢浙江省大学生结构设计竞赛委员会对我校的充分信任，将第二十届大学生结构设计竞赛交给科技职业技术学院承办。他表示在竞赛委员会指导下群策群谋划，举全校之力高质量办好本届大赛。

罗尧治充分肯定了我校为承办竞赛所做的准备工作，对我校高度重视、举全校之力筹备竞赛表示感谢。他指出结构设计竞赛能有效培养大学生的创新意识、合作精神，同时有利于提高大学生创新能力、实践能力和综合素养。他希望通过本次评审提高竞赛命题质量，为举办好第二十届大学生结构设计竞赛奠定基础。

城市建设学院院长金波代表学院接受捐赠，并表示学院将组织到位、保障到位，全力以赴做好本次大赛的各项服务工作。

在城市建设学院院长金波陪同下，与会专家现场参观指导了"不等跨双车道拉索桥结构模型""抗冲击框架结构模型"两个模型的制作实况试验。我校命题组从结构设计方案、加载方式、评分规则等方面对两个赛题制作了现场汇报，专家组针对赛题提出了优化建议。

赛题评审会现场

竞赛场馆实地考察

浙江大经建设集团股份有限公司简介

浙江大经建设集团股份有限公司系工程总承包级特级资质企业，注册资本30300万元。公司持证经营房屋建筑、水利、市政、地基基础、装饰、钢结构、电力、设备安装、预拌混凝土等各类土木工程施工以及甲级建筑设计业务，同时积极从业房地产开发和建筑工业化、经营业务覆盖全国二十余省市，年施工产值逾百亿元人民币。

公司荣获年保持全国优秀施工企业、浙江省建筑业重点骨干企业、浙江省职业诚信企业、浙江省工程建设用户满意施工企业、浙江省金融及市场管理AAA信用企业、浙江省文明单位等殊荣。公司坚持"大器筑就经典"之品牌理念和科技创新理念，力求在建筑工程"每建必优"和"每建必安"。近20年来，公司先后创获各类质量、安全标化、新技术示范、优质工程等100余项，中国实创用工程"鲁班奖"、国家优质工程金质奖、国家AAA级安全文明标准化诚信工地"等国家级奖10余项，浙江省优质工程"钱江杯"等省级奖50余项。

公司注册于全国文明城市和国家历史文化名城浙江嘉兴。以工程为载体，大经人唯以诚信广植天下，以互利共赢天下事。

浙江宜和新型材料有限公司简介

浙江宜和新型材料有限公司是一家集设计制造、安装租赁、技术服务为一体的多元化发展的建筑科技型企业。公司于2018年7月成立，注册资金5181.346万元，总部位于浙江省杭州市富阳区。业务范围涵盖了铝合金模板，附着式升降脚手架，盘扣式脚手架，建筑智能化，新材料的技术研发、推广及技术咨询等领域。使用"50体系"铝合金模板，战略布局以点带面，以浙江为中心点向外辐射，目前已覆盖华东、华东、华南、华中10省50市，并在杭州富阳、湖南长沙、江苏盐城和山东东莞等地设立分公司和工厂。

公司以"共建美好生活空间"为企业愿景，对内整合优化各类资源，汇聚行业专家、业内精英，配有专业的领袖设计师团队和研发队伍，已搭建出一支完备、团结、专业、高效的人才队伍。现有竞秀、诚信、责任、协作、创造"的企业价值观，与多家企业达成战略合作协议，力争让建筑更高效、安全、绿色。

杭州科技职业技术学院负责浙江省大学生结构设计竞赛赛徽（LOGO）和赛徽的征集与设计。由浙江省大学生结构设计竞赛专家委员会和秘书处审核评定。最终采纳和正式录用以上标识作为浙江省大学生结构设计竞赛的永久性赛徽（LOGO）和赛徽使用权。

赛徽创意寓意：采用浙江省大学生结构设计竞赛赛事元素重构"Z"空间结构"钱塘潮水"的设计理念，传达出"传承创新、协调合作、绿色共享、开放共享"理念。该设计具有较强的视觉冲击力和艺术感染力，与竞赛的专业性、创意创新创造性、美观性、学术性、参与性、协同性和国际性等。

赛徽内涵寓意：1. 该作品整体设计达到了赛事提出的各种元素与基本要求，在全国大学生结构设计竞赛赛徽的框架下进行，实现一脉相承与创新；2. 该作品中心区域设计的"Z"是"浙江省"中文拼音的首字母，并具有创新性勾画出浙江钱塘江"钱江潮"寓意，充分展示浙江赛事特色；3. 该作品设计了三维空间结构设计立体图寓意，充分体现了组织精神与结构设计的核心所在；4. 该作品中心区域三维结构图形三种颜色，用中绿色寓意绿色赛事环保节能；蓝色寓意潮涌浙江；橙黄色寓意参赛高校师生的朝气蓬勃和积极向上的青春活力；5. 该作品设计简介小结，用中英文表达，充分体现了整体美观度，寓意参赛高校师生凝聚围绕大学同德，赛校参与、不忘初心，牢记使命，砥砺奋进，一起走向未来。

浙江省大学生结构设计竞赛标识

浙江省大学生结构设计竞赛会旗
Zhejiang Province College Student Structure Design Contest Flag

放飞思维 创意无限

责任编辑：阙莹

杭州科技职业技术学院召开浙江省第二十届大学生结构设计竞赛志愿者培训会

2022 年 5 月 31 日，城建学院举办了浙江省"大经·宜和杯"第二十届大学生结构设计竞赛志愿者培训会。城建学院院长金波、党总支副书记陈龙出席培训会。城建学院全体志愿者参加，会议由学院团委书记王敬主持。

会上，院长金波首先肯定了志愿者招募以来全体同学的积极参与，他指出，大学生结构设计竞赛是教育部非常重要的大学生学科竞赛，是土木工程类最高水平的学科性竞赛，赛事规格大、专业影响力显著，希望全体志愿者以高标准、严要求开展志愿工作，以细致的志愿服务展现杭州城市城建人的风貌。

副书记记陈龙对本次结构设计竞赛服务工作给予殷切期望，他希望全体志愿者按照要求安排，以尊重、遵守、友爱的原则进行志愿服务，以认真的态度、饱满的热情做好来校师的对接和服务工作。

团委书记王敬为志愿者进行了岗位礼仪培训，同时对志愿服务工作进行了详细的讲解。

经过此次会议，全体志愿者明确了在竞赛中的责任和任务，并将以饱满的态度投身到接下来的竞赛服务中，也有信心通过真诚、细致、周到的志愿服务，向全省参赛队伍展现城建学院的风采！

培训会现场

工作会议剪影

城建学院召开省结构设计竞赛组织工作冲刺会

2022 年 5 月 30 日下午，杭科院召开浙江省第二十届大学生结构设计竞赛组织工作冲刺会，校党委副书记记陈龙出席，会议由教务处处长雷彩虹主持，学校各职能部门负责人、城市建设学院负责人等参加会议。

冲刺会上，何树贵强调了承办本届大赛的重要性，并提出三点要求：第一，要认识到位，行动到位；第二，要明确分工，责任到人；

第三，要加强协调，整体推进。他希望各部门统一思想、提高站位，为大赛顺利举办提供优质服务，在竞赛组织工作中展现学校良好风貌。

城市建设学院院长金波介绍了本届结构设计竞赛的组织工作方案和赛事流程，学院党总支副书记记陈龙对做好日程安排与各工作细则的职责任务、各职能部门就大赛筹备工作中遇到的问题进行协调。

城市建设学院简介

城市建设学院是学校高职二级教学单位，其前身是 1979 年由杭州市城乡建委主办的杭州市城市建设学院，至今已有 40 余年的土建类专业办学经验，是全省综合类高职院校中土建类专业门类最齐全、最具特色的。

学院深入开展教学改革，坚持"集群建设、特色引领、重点支撑"的建设思路，市政工程技术（智慧建造）专业群于 2020 年 12 月获得浙江省高职级水平专业群（B类）立项。现设有市政工程技术、建筑工程技术、建筑设备工程技术、建筑经济信息化等 5 个专业。

学院深化产教融合、校企合作，推进人才培养模式改革，构建了具有土建类专业特色的"识岗-跟岗-模岗-顶岗"实践教学体系，与省内兄弟院校错位发展。与杭州中职学校合作开展中高职一体化人才培养，与台湾东南科技大学合作办学；积极响应学校与华宁职业技术大学联合发展战略，助力培养市政工程技术专业本科，指导毕节职院建筑工程技术专业（省级骨干专业）建设，跨越毕节职院高质量内涵式发展。学院生持市政工程技术专业国家教学资源库建设，参与国家级土建工程技术类、道路桥梁工程技术两个专业教学资源库。

学院拥有一支秉持以德立业、工程经验丰富的教学团队和一支顾具战斗力的管理团队，现有教职工 51 人，其中专业教授级高级职称占 50% 以上，有全国住房和城乡建设职业教育专业指导委员会委员 3 人，浙江省高职高专院校专业带头人 3 人，浙江省 151 人才工程培养人选 1 人，杭州市 131 人才工程培养人选 6 人，浙江省师德先进个人 1 人，杭州市教学名师培养 1 人、杭州教育工匠 1 人，杭州市高层次人才 15 人，浙江省美女培训职业教育奖 1 人，一级注册结构师、注册监理工程师、注册造价工程师等国家级注册师执业资格 30 余人次。

学院建有校内实训基地近万平方米，拥有中央财政支持的建筑技术实训基地、高等职业教育创新发展行动计划（2015—2018 年）国家生产性实训基地、浙江省"十二五"示范性土木工程实训基地、浙江省"十三五"示范性地下工程智能化实训基地、浙江省属高校产学对接混合式建筑绿色建筑技术实训基地、杭州市重点土建工程实训基地等基地 1 个。浙江省"十三五"示范性专业新产性实训基地认定。其中，与广联达科技股份有限公司共建"智慧建造"实训基地，基地建有智慧建造实训中心、智慧工地综合实训中心、数字测绘实训中心、虚拟仿真实训中心、数字测绘中心、创新协同中心等；与浙江省智能研究院共建地下工程智能化实训基地，按 1:1 真实管廊建设，以培养创新型、复合型的智慧施工管理及智慧运维领域专业人才。

学院建有土木工程技术及应用研究所，与企业合作开展先进技术、新工艺的研究。学院先后与 60 家行业和企业深度合作，开展现代学徒制试点，产教融合、双元育人；与浙江省建筑绿色建设责任公司共建"智慧建造实训中心"，与广联达科技股份有限公司共建"智慧建造产业学院"，与绿城建设管理有限公司共建"数字建筑学院"，牵头成立浙江省"智慧建造"产教融合联盟，"政·行·校·企"四方联动，着力打造我省建筑行业的职教群样，在发挥职业教育为杭州区域经济和社会发展服务上的示范引领作用。

4版 | 视点聚焦　　责任编辑：阚莹　　*放飞思维 创意无限*

浙江省"大经·宜和杯"第二十届大学生结构设计竞赛
暨全国大学生结构设计竞赛浙江省分区赛

参赛院校展示

浙江大学
队名：稳住不慌队
寓意：希望我们队可以"队如其名"，比赛时稳住不慌！
参赛感言：希望在比赛里大家都能够玩得开心。

队名：云龙桥
寓意：取自"长桥卧波，未云何龙"里云龙两个字
参赛感言：希望经过过往半年左右的努力，我们可以做出一个不错的结构，然后加载成功。

参赛院校展示

浙江广厦建设职业技术大学
队名：敢运
寓意：希望我们队可以"队如其名"，比赛时稳住不慌！
参赛感言：希望能和各个院校一起竞争学习，希望大家可以加油！

义乌工商职业技术学院
队名：观澜大桥
寓意：希望我们能够放平心态，安心比赛，最后能够加载成功
参赛感言：参加此次比赛我们的情绪非常激动，也是抱着愿望与大家一决高下的决心而来。

衢州学院
参赛感言：本次能够代表衢州学院参加此次比赛我们也很荣幸，我们经过两轮校赛最终才获得参赛资格，所以倍到光荣至极！

杭州科技职业技术学院
寓意：弘扬工匠精神，传承鲁班文化。我们是新时代鲁班传人，鲁班小城队，为结构而来，为工匠而生。
参赛感言：希望通过结构设计竞赛，来培养对于结构的热爱，也能够更进一步地探索结构！

队名：赫日流辉小分队
参赛感言：经过努力，我们在在手工操作以及结构知识学习到了非常显著的提升，感谢老师、同学对我们的帮助，也希望此次比赛我们能够和省内各大高校切磋交流，预祝大家取得好成绩。

绍兴文理学院
队名：乔布斯
寓意：在加载过程中我们能顺利地完成整个过程。
参赛感言：希望能在此次比赛中尽力做到最好，发挥出自己全部的实力！

温州大学
队名：御万均
寓意：可以抵御千万斤的重量。
参赛感言：希望可以争取自己最大的努力摘得第一名的桂冠！

队名：修竹
寓意：希望在比赛中展示我们如竹子般坚韧的气质，如竹子般的品格
参赛感言：把事情做好，用所有的努力去做好一件事情来展示我们温州大学的气质。

宁波工程学院
队名：郑桥桥
寓意：造桥之名，拼搏进取！

队名：造桥奇才
寓意：因为我们造桥很牛
参赛感言：希望在这次比赛中能够更有勇气，进行新的突破！

台州学院
队名：极到折婆桥
参赛感言：我们非常高兴参加此次比赛，我们抱着必胜的决心，势必拿下这场比赛！

浙江长征职业技术学院
队名：安平桥
寓意：安平桥取自古代桥梁安平桥，主要取意是希望整座桥平平安安地走过负载。

队名：百丈栋
寓意：让桥更长更稳，以此达到我们想要的目的。

嘉兴南洋职业技术学院
队名：筑梦队
寓意：因为参加的是结构大赛，所以采用了"筑"字作为第一个字，并且我们三个人都是比较有梦想的人，所以采取了"筑梦队"这个名字。
参赛感言：我们三个都是比较热爱模型，于是想着趁这个机会来拓宽自己的视野，希望能够来这里拿到一个好的名次。

温州理工学院
队名：云帆
寓意：希望在比赛中能够一帆风顺，取得较好的成绩。

独家专访

开幕式结束后，浙江大经建设集团有限公司董事长梁才接受独家专访。在采访过程中，他表示，与大经集团与杭科院在技术与业务方面保持着长期合作关系，并且杭科院也一直为大经集团提供大批优秀的毕业生，为工匠而生。梁董直言是由于三大情结所致——一是模型情结，他从小热爱模型；二是学生情结，曾经他也作为一名学生会主席有着学生情结；三是行业情结，希望为企业发展与学校一同为培养下一代助力。

同时，梁董也提出自家的企业理念与此次大赛理念是有相通之处的，建筑行业所崇尚的鲁班精神与企业所崇尚的工匠精神不谋而合，另外，企业在技术方面与学生在设计方面同样都需要创新。

与此同时，我们对浙江宜和新型材料有限公司董事长冯健也进行了独家专访。冯董表示该次大赛的举办十分有意义，院能够锻炼学生的实践动手能力，又能培养学生的创新能力和团队协作精神，关于与杭科院的深度合作，冯董也是对此格外严谨，杭科院治学严谨，为社会输送了诸多优秀的实践型人才，加强促进杭科院与宜和的链接搭桥。同时，他为大赛送上诚挚的祝福，希望选手们能参赛出水平，赛出风格，也希望通过此次比赛加强宜和与杭科院的合作关系。

第2期
2022年6月
新闻中心

放飞思维 创意无限

结构从不限定　佳绩始于非凡

▶ 详见2版
▶ 详见3版

◎ 浙江省大学生结构竞赛特刊
◎ 杭州科技职业技术学院编印

浙江省"大经·宜和杯"第二十届
大学生结构设计竞赛于杭州科技职业技术学院隆重开幕

　　6月3日下午，浙江省第二十届"大经·宜和杯"大学生结构设计竞赛于杭州科技职业技术学院隆重开幕。来自浙江省的49所高校102支队伍齐聚一堂，激情与智慧并水。

　　第二十届浙江省大学生结构设计竞赛暨全国大学生结构设计竞赛浙江省分区赛竞赛书处副校书长毛一平、丁元新、教务处处长蔡彩虹、学生处处长高海涛、竞赛专家委员会委员、杭州科技职业技术学院城市建设学院院长金波等临席观。开幕式由杭州科技职业技术学院城市建设学院党总支副书记陈先生主持。

　　陈院长致辞，他代表杭州科技职业技术学院全体师生向参加第二十届大学生结构设计竞赛的各参赛高校表示热烈欢迎，介绍了杭科院的办学历程和发展情况。"杭科院能够承办此次赛事，是大赛组委会对我校办学的充分肯定，也是学校促化内涵建发展的需要。我校一定会在竞赛校务处的指导下，公平公正办好竞赛，热情周到做好服务，保证大赛顺利举办。"

　　金波代表竞赛专家委员会讲话，他认为，大学生结构设计竞赛不仅是土建专业培养学生创新精神、实践能力和团队意识的最高水平的竞赛，也是参赛们专业素养水平、应用能力、综合素质的展示平台。他代表专家委员会郑重承诺："将以公正的评

判、良好的道德风尚和专业素质来确保比赛的顺利进行。"

　　毛一平代表浙江省大学生结构设计竞赛校务处发言，他指出，浙江省大学生结构设计竞赛活动举办至今年已是第二十届。"此次大赛较之以往可以说意义非凡。因为我拥有了永久性的赛徽和赛旗这样的精神的传承。赛徽设计结构充分体现双特色，寓意深远话本初心。"同时深情寄语参赛师生，疫情防控要求，确保竞赛模型制作安全，按时提交参赛作品，并能尊重专家提问与解答。以沉着安心的学业态度赢得佳绩！

　　浙江工业大学王建东作为指导老师代表发言，他代表指导老师向竞赛校务处和主

亦方杭州科技职业技术学院的辛勤付出表示衷心的感谢，并表示许多届以来安排，配合组委会做好各项工作，保证大赛各项工作有序进行！

　　杭州科技职业技术学院城市建设学院杨涛涛作为参赛选手代表发言，他代表参赛选手向比赛过程中的各位领导和老师表示由衷的感谢，并鼓舞大家为自己的梦想不断努力，展示出自己专业实力与精神风貌。

　　土木学子齐聚一堂，怀揣一颗为校增光添彩之心，展现最佳风采。浙江省第20届"大经·宜和杯"大学生结构设计竞赛已拉开序幕，期待参赛选手的精彩表现！

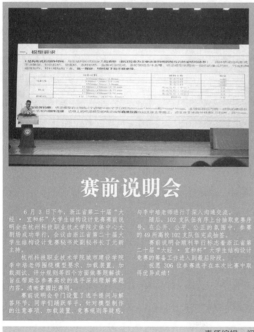

赛前说明会

　　6月3日下午，浙江省第二十届"大经·宜和杯"大学生结构设计竞赛赛前说明会在杭州科技职业技术学院文体中心大剧场成功举行。会议由浙江省第二十届大学生结构设计竞赛秘书处副秘书长丁元新主持。

　　杭州科技职业技术学院城市建设学院李中培老师围绕模型要求、加载测试、计分规则等四个方面就赛题解读，旨在帮助参赛的选手对深刻理解赛题内容，清晰掌握出赛前。

　　赛前说明会专门设置了选手提问与解答环节，同学们踊跃举手，针对模型制作的注意事项、加载装置、竞赛规则等疑惑，

与李中培老师进行了深入沟通交流。

　　随后，102支队伍有序上台抽取竞赛序号，在公开、公平、公正的抽签中，来自的49所高校102支队伍完成抽签。

　　赛前说明会圆满举行标志着浙江省第二十届"大经·宜和杯"大学生结构设计竞赛的筹备工作进入最后阶段。

　　祝愿306位参赛选手在本次比赛中取得优异成绩！

领队会

　　6月3日下午，第二十届"大经·宜和杯"大学生结构设计竞赛领队会在杭州科技职业技术学院教育学团教育中招顺利召开，竞赛校务处副校长毛一平、丁元新出席，各参赛院校领导、各领导老师参加会议，会议由杭州科技职业技术学院城市建设学院院长金波主持。

　　毛一平回顾了本届大赛的参赛队伍、参赛人数等各项数据，强调大赛对浙江省高校建实践创新教育教学与人才培养质量的提升起到了十分重要的推动作用。同时，

他对果撤的设计与制作表示高度肯定，指出"这是大赛精神永久传承的标记，足以体现各校的重视过程的一种，留下令人难忘的足迹"。

　　最后，专家组与指导老师们畅所欲言，就竞赛细节问题展开深入交流，热烈讨论，为大赛顺利进行真定了良好的基础。

责任编辑：阚莹

2~3版 | 赛事集锦

绿色思维 创意无限

责任编辑：阎宏

志愿者风采——值得被记住的人

赛事进行时，选手们全部的注意力都在手上的制作中，他们时而埋头苦干，不错过任何一个细节，时而低声交流，确保每个环节的精确性，而力与智力的较量正在赛场整个场馆，耐力与智力的较量正在赛场上演。

4版 突出重围

责任编辑：翟清菊 阚莹

放飞思维 创意无限

温州大学
获得最佳创意奖

温州理工学院
获得最佳制作奖

湖州职业技术学院
获得最佳创意奖

杭州科技职业技术学院
获得最佳制作奖

2022年浙江省第二十届大学生结构设计竞赛获奖名单公布

浙江省第二十届大学生结构设计竞赛于 2022 年 6 月 3-5 日在杭州科技职业技术学院举行，共有 49 所高校，102 支队伍参赛，经专家评审，共评出本科组特等奖 1 项，一等奖 9 项，二等奖 13 项，三等奖 18 项，专科组一等奖 6 项，二等奖 8 项，三等奖 13 项。

						本科	浙大宁波理工学院		二等奖
						本科	宁波大学		二等奖
专科	湖州职业技术学院	一等奖	专科	宁波职业技术学院	三等奖	本科	浙江农林大学		二等奖
专科	杭州科技职业技术学院	一等奖	专科	浙江建设职业技术学院	三等奖	本科	浙江理工大学		二等奖
专科	杭州科技职业技术学院	一等奖	专科	浙江宇翔职业技术学院	三等奖	本科	绍兴文理学院		二等奖
专科	湖州职业技术学院	一等奖	专科	浙江建设职业技术学院	三等奖	本科	丽水学院		二等奖
专科	浙江同济科技职业学院	一等奖	专科	绍兴职业技术学院	三等奖	本科	浙江水利水电学院		二等奖
专科	浙江工业职业技术学院	一等奖	本科	浙江工业大学	特等奖	本科	浙大城市学院		三等奖
专科	浙江同济科技职业学院	二等奖	本科	浙江农林大学暨阳学院	一等奖	本科	浙江大学		三等奖
专科	台州职业技术学院	二等奖	本科	浙江树人学院	一等奖	本科	丽水学院		三等奖
专科	义乌工商职业技术学院	二等奖	本科	台州学院	一等奖	本科	浙江水利水电学院		三等奖
专科	嘉兴职业技术学院	二等奖	本科	台州学院	一等奖	本科	浙大宁波理工学院		三等奖
专科	台州科技职业学院	二等奖	本科	浙江树人学院	一等奖	本科	嘉兴学院		三等奖
专科	嘉兴南洋职业技术学院	二等奖	本科	宁波大学	一等奖	本科	浙大城市学院		三等奖
专科	浙江工业职业技术学院	二等奖	本科	温州理工学院	二等奖	本科	浙江万里学院		三等奖
专科	浙江长征职业技术学院	三等奖	本科	绍兴文理学院	二等奖	本科	浙江海洋大学		三等奖
专科	杭州科技职业技术学院	三等奖	本科	浙江师范大学	二等奖	本科	浙江海洋大学		三等奖
专科	温州职业技术学院	三等奖	本科	浙江农林大学暨阳学院	二等奖	本科	浙江工业大学		三等奖
专科	嘉兴南洋职业技术学院	三等奖	本科	温州大学	二等奖	本科	绍兴文理学院元培学院		三等奖
专科	金华职业技术学院	三等奖	本科	宁波工程学院	二等奖	本科	浙江万里学院		三等奖
专科	宁波职业技术学院	三等奖	本科	温州大学	二等奖	本科	浙江大学		三等奖
专科	浙江长征职业技术学院	三等奖	本科	宁波大学科学技术学院	二等奖	本科	浙江师范大学		三等奖
专科	金华职业技术学院	三等奖	本科	浙江广厦建设职业技术大学	二等奖	本科	宁波大学科学技术学院		三等奖
						本科	绍兴文理学院元培学院		三等奖

经过三天的激烈角逐，大赛圆满落下帷幕。参赛选手们扎实的理论功底、高超的模型制作能力、攻坚克难的精神与强烈的团队意识，给与会领导、专家留下了深刻印象。每一位选手都是追梦人，追梦的脚步永不停歇。2023 年，第二十一届大学生结构设计竞赛将在衢州举行，精彩延续！

▶ 详见2版
▶ 详见3版

第**3**期
◎ 2022年6月

新闻中心

放飞思维 创意无限

结构从不限定　　　佳绩始于非凡

◎ 浙江省大学生结构竞赛特刊
◎ 杭州科技职业技术学院编印

浙江省第二十届"大经·宜和杯"大学生结构设计竞赛在杭州科技职业技术学院顺利落幕

6月5日下午，浙江省第二十届"大经·宜和杯"大学生结构设计竞赛暨全国大学生结构设计竞赛浙江省分区赛闭幕式在杭州科技职业技术学院隆重举行。

杭州科技职业技术学院校长温正聪致闭幕辞，浙江省学生科技竞赛委员会副主任、全国和浙江省大学生结构设计竞赛校长杨国振、衢州学院副校长吾国镇、竞赛专家委员会委员郑荣跃、夏建中、陈木福、姚谏、干伟忠、陈联盟、夏玲涛、余世策、金波、周华飞，全国和浙江省大学生结构设计竞赛副秘书长毛一平、丁元新，竞赛专家委员会副秘书处处长窦彩虹，浙江大经建设集团股份有限公司董事长赵满生，浙江宜和新型材料有限公司董事长冯枝等嘉宾出席闭幕式并颁奖。杭科院教务处副处长刘昀主持闭幕式。

温正聪代表杭科院全体师生员工，向大赛的顺利举行表示热烈的视贺，向大赛科技竞赛委员会秘书处领导的指导和帮助表示衷心的感谢，向大赛专家委员会成员、各参与高校师生致以诚挚的感谢。他表示，本届大赛在全体学生参赛队和承办单位的努力下取得了丰硕的成果。竞赛选手们表现出了扎实的理论功底和模型制作能力。比赛过程中，他们克服重重困难，通力合作，全心投入，永攀大赛高峰，体现出了强烈的竞赛意识和团队意识，全面展示了当代大学生的创新精神和良好精神风貌，体现了大赛举办的初衷。温校长指出，比赛虽然即将落下帷幕，但是技能提升技术技能的脚步不会停歇，杭科院将以本次比赛为新的起点，立足实际，不断提高技术技能水平，也希望各兄弟院校师生以赛为平台，推进党指导工作、砥合作、交流、共进的大赛氛围延续到今后的工作和学习中，促进共同发展和共同进步。

浙江省科技竞赛专家委员会致辞，他向为大赛付出巨额努力的秘书处、杭科院、参赛师生、赞助单位、志愿者们表示感谢，指出结构设计竞赛是展示创新设计能力的实践平台，复受要感谢大赛在培养学子们能力方面的积极促进作用，希望即将参加国赛的同学以大赛为契机，继续夯实专业知识、提高实践能力、锻炼意志品质，提升创新能力，力争为国赛争光、为浙江争光、再创辉煌。

浙江省大学生结构设计竞赛专家委员会委员梁才对本次大赛作精彩点评。

经过专家评审，其中本届特别特等奖1项、一等奖9项、二等奖13项、三等奖18项、专科组一等奖6项、二等奖8项、三等奖13项。单项奖中，最佳制作奖2项、最佳创意奖2项、优秀组织奖14项、企业奖出贡献奖及贡献奖各2项。

陆国栋宣布2023年浙江省第二十届大学生结构设计竞赛将由衢州学院承办。浙江宜和新型材料有限公司董事将会旗交送给浙江省大学生结构设计竞赛委员会，衢州学院副校长吾国镇接过会旗并致辞。

放飞思维，创意无限！2023年，第二十届大学生设计竞赛将在衢州举行，将精彩延续下去！

责任编辑：翟清菊 阚莹

2版 精彩回顾

责任编辑：翟清菊 阚莹　　*放飞思维 创意无限*

浙江省"大经·宜和杯"第二十届大学生结构设计竞赛精彩回顾

浙江省第二十届"大经·宜和杯"大学生结构设计竞赛在杭州科技职业技术学院热烈开赛，来自浙江省49所高校的102支队伍同台竞技。

本次竞赛题目为"不等跨双车道拉索桥结构设计与模型制作"，竞赛内容包括理论方案、结构设计与制作、陈述与答辩、模型加载试验等4个方面。竞赛选题具有较强的现实意义和工程针对性，主要考察学生理论结合实践的能力、团队协作的能力，以及吃苦耐劳、攻坚克难的品质和不断优化、追求创新的精神。

6月3日晚，大赛模型制作阶段在杭科院文体中心篮球馆开启，每支参赛队伍的3名选手有序分工、通力协作。经过9个小时奋战，6月4日中午，三种不同尺寸的杆件经过剪切、打磨、拼接等多道工序，慢慢呈现出不等跨双车道拉索桥结构模型。专家对模型外观、制作工艺进行评审打分。

6月4日晚，进入最扣人心弦的模型加载阶段。模型加载分为两级，一级加载，模拟海风对大桥的影响，如桥梁未遭受破坏，则视为加载成功；二级加载，模拟在海风的作用下，两辆小车相向而行通过桥梁，小车平稳到达桥梁对岸，则视为加载成功。伴随着主持人喊出"二级加载成功！"全场掌声雷动。

赛中，杭州科技职业技术学院党委书记谢列卫两次前往赛场，亲切看望参赛选手，并与浙江省大学生科技赛委会副主任、全国和浙江省大学生结构设计竞赛秘书长陆国栋等专家、学者进行交流。

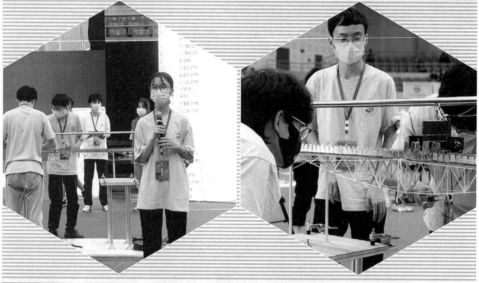

放飞思维 创意无限　责任编辑：翟清菊 阎莹　　人物访谈 **3**版

全国和浙江省大学生结构设计竞赛
秘书长 陆国栋

浙江省大学生结构设计竞赛发展至今有怎样的一个发展趋势呢？

结构设计竞赛发展至今已举办到第二十届了，我觉得这是非常有意义的。从当年开始，我们便把它视成了全国的优秀竞赛，并且作为首批到我们这个大赛排行榜的竞赛。我觉得这个大赛对学生的培养起至关重要的作用。有位哲学家曾说过，"学生的头脑不是用来填满知识的容器，是需要被点燃的火把"，那竞赛就是点燃人类的火种，结构设计竞赛很好地诠释了这个理念，我也预祝结构设计竞赛能够越办越好！

此次大赛在学生能力培养方面有什么作用吗？

有什么事情可以让学生心甘情愿地通宵努力呢？我想竞赛就是一门能让学生通宵达旦地不懈努力的活动，这是以说明竞赛是有内在驱动力的。加上学生以热情、好学的态度，而参加过竞赛的学生与未参加竞赛的学生在感觉上是截然不同的，所以这是一门能激发学生内在活力的活动，我们也会尽最大的努力把竞赛持续良好地举办下去。

浙江省大学生结构设计竞赛专家委员会
主任 罗尧治

今年是浙江省大学生结构设计竞赛的第二十届，作为大赛专家委员会主任，请谈谈您的体会？

首先我觉得，举办此次大赛非常之不易，疫情紧张的爆发给组织工作带来巨大的困难，但是通过各方的努力能够顺利举办大赛是一件极其不平的事情，其次，根据学生们已做出的成果来看，我觉得这次的赛题可以说是非常丰富，它体现了桥梁结构的各种形式以及不同的结构体系，学生们在比赛中展现的创新思想也体现了结构大赛的创新精神。

可以谈谈您对参赛学生们的期望是什么吗？

首先我觉得学生们要知道专业知识的运用，我将所学的力学知识和结构知识运用到大赛当中，通过结构优化、结构计算来提高我们的结构作品，其次，我希望学生们能通过此次大赛期间分工合作的经历来提高团队合作精神，让各自的专长都能体现在作品当中，使作品更加趋于完美。

全国大学生结构设计竞赛兼省结构设计竞赛
副秘书长 毛一平

作为全国和浙江省大学生结构设计竞赛副秘书长，您对于这次比赛有什么感想吗？

浙江省第二十届大学生结构设计竞赛暨全国大学生结构设计竞赛浙江省分区赛历经一年多的精心准备今天得以顺利召开，我看到付本次大赛表示热烈的祝贺。作为全国和浙江省大学生结构设计竞赛副秘书长，我对这次大赛印象尤为深刻，我有四个思想和大家分享。第一，我感觉到今年的大赛意义非凡。出于正值党的二十大和全省大会的召开，可谓是喜上加喜；第二，全国三月份开始疫情紧急地爆发，但我采取线下的方式举办，学校领导、富阳区领导对此次大赛做了大量的组织工作从使其如期召开，并以建了一套循环式管理模式来确保大赛安全平稳地进行。第三点，在这次大赛中，有一项环节为爱国主义教育影片的欣赏，把例本次大赛竞赛与"诸育"教育相结合，使得学

生会热爱党、热爱人民、感恩祖国。第四点，这一届大赛终于拥有了正式的会徽和会旗，打破了19年的空缺，是竞赛史上浓墨重彩的一笔，非常值得庆贺。

对于此次大赛有什么祝福吗？

对于参赛学生我感觉的有以下两点。第一点，在疫情防控下让大赛如期召开是非常不易的，希望每个同学珍惜这次比赛的机会。然而，在珍惜机会的同时也要遵守大赛规定的要求，发挥出己身好的水平，取得理想的成绩；第二点，希望每位同学能够铭记此次难忘的参赛经历，在未来实践工作中运用到最大的作用及不服输的精神、创意精神、团队合作精神，为我国的"大众创业，万众创新"竞赛出一份力量。

特等奖采访

本科组特等奖：
浙江工业大学
参赛队员：周浩、钟可、施晔
指导老师：王建东、许回法

选手采访：

对于此次比赛你的体会是什么？

此次赛题还是一个相对于比较综合的题目，在比赛之前我们做了大量的前期准备，所以对于这次比赛我们能较为轻松地应对和操作，我们团队的名字如二连无者，即是我们所有人心都能保持对结构竞赛的这份热情；追光以上与光同在。另外，这个比赛我要特别感谢我的这位学长，因为他是第一次参赛，而他做为作队

前的参赛选手积累了很多经验，同时也很感谢我们的指导老师。

请问你们团队为了此次比赛付出了怎样的努力？

我们团队从去年十月份组成，我们经历了批赛和校赛的深刻磨练，我们经历现在已大概做了50多个模型，在日复一时，我们通过对结构体系的探索和对模型质量的把控，把模型尽最大可能做到极限，没有辜负学校的期望。

指导老师采访：

请问您此刻的心情是什么？

我现在的心情很激动，也对同学们取得了

如此好的成绩感到很开心，其次，我觉得身上的担子轻了很多，也完成了学校给我们的任务，终于获得了参加国赛的资格。

请问您有一些什么样的指导经验？

我觉得作为一名指导老师，最关键的一点就是要投入大量的精力，把难题研究清楚，跟学校有较大有产出。其次，我觉得指导老师要陪同学生们在一起，大家齐心协力地共同探索、研究。

对于此次大赛您有一些什么样的心得？

在此此比赛取得的时间点上回顾一下本次大赛，我觉得第一点，为了这个比赛，同学们都付出了很多，我们对此次取得的成绩都很满意，其次，此次大赛的召开在疫情期间可以说是来之不易，非常感谢我校筹备委员会为大赛付出的巨大努力，同时也希望其余学校都能取得更好的成绩。

在一的传递，你才能去优化、复杂的结构。你甚至到最后都不知道该怎么优化这个结构。因为你对整个受得加大大势，京都分析不深建议将那样科目感受到了什么。

第二个词是和谐。我和罗尧老师讨论问题时间点，可能有争执，但是今争执仅仅是学术上的，但是个下里聚和谈，只有和谐方能凝聚力，才能战斗力。好，谢谢大尺寸。

作品集锦

1.浙江工业大学——追光者(本科组特等奖)

(1)参赛选手、指导老师及作品

参赛选手	
周　浩 钟　可 姚　臻	
指导老师	
王建东 许四法	

(2)设计思想

基于结构和杆件的强度、刚度、稳定性,我们从结构设计的可靠性、合理性,材料用量的经济性,以及实际工程中的应用情况等方面对结构方案进行构思。

结构设计参考了连接椒江区南岸与北岸的台州湾大桥,大桥为双塔双索面叠合梁斜拉桥,索塔采用 H 形塔身,由上塔柱、中塔柱、下塔柱、索塔上横梁和下横梁组成。索塔下横梁设在主梁下方,采用箱形断面,部分底板束在靠近梁端处竖向弯起以减小腹板主拉应力。索塔上横梁采用箱形断面。斜拉索采用双索面空间布置,为平行钢丝斜拉索。

我们使用 4 根截面尺寸为 7 mm×7 mm 的空心杆作为桥面主梁,2 根截面尺寸为 9 mm×9 mm 的空心杆作为索塔的斜拉桥结构形式。赛题所述的桥面板分为 2 条车道,因此我们设置了 4 根主梁,分别位于每条车道的边缘两侧下方,以此利用桥面板自身的横向刚度,减少车辆因桥面刚度不足而发生侧翻或下陷的情况。因桥塔比较粗壮,过高的桥塔会明显增加模型的重量,因此我们分别在靠近边支座的桥面下方设置腹杆和下弦拉索的结构形式,既避免了拉索角度设置的不合理,又有效提高了桥面的承载能力。桥面板下设置沿桥面宽度的次梁,次梁与 4 根空心杆主梁采用固接方式,在与主次梁固接的节点处,我们采用钢结构中的隅撑作为加固方式。此外,在索塔的设计中,为解决索塔顶点位移过大而导致桥面挠度较大的问题,我们设计了 2 个拉索连接塔顶和底边。在研究桥梁拉索布置设计时,我们发现若将所有拉索汇集于1个点时,拉索上的力均传递到了索塔顶部,即使设置了固定索塔的拉索,也依旧会发生失稳的情况。因此,我们将拉索按长短跨对应的关系汇集于3个点,利用了一部分索塔自身的抗弯强度,同时在索塔朝向短跨侧设置了张弦结构,提高了索塔的侧向刚度,有效解决了索塔挠曲过大的问题。经过理论计算和加载试验验证,我们发现模型能稳定地承受最大荷载,结构设计较为合理。

同时,我们也发现了该模型存在的不足:加载过程中有部分杆件受力较小,拉索不能完全发挥最大承载能力,材料比较浪费,并且此类模型材料用量较大。

(3)模型方案设计

我们对上述3种模型进行了详细的计算分析和加载试验,充分研究了各种模型之间的优缺点,总结如下。

①模型1

模型1为门字形索塔的斜拉桥。在靠近边支座的桥面下方设置腹杆和下弦拉索,既避免了拉索角度设置的不合理,又有效提高了桥面的承载能力。将拉索按长短跨对应的关系汇集于3个点,利用了一部分索塔自身的抗弯强度,同时在索塔朝向短跨侧设置了张弦结构,提高了索塔的刚度。模型1的不足是部分杆件受力较小,拉索不能完全发挥最大承载能力。

②模型2

模型2为A形塔双索面斜拉桥。将2根柱子组合成索塔以增强索塔沿桥梁方向的强度和刚度,充分利用了索塔自身的抗弯和抗压强度,减小了桥面主体的承载能力,增加了拉索的受力。模型2的不足是结构不能通过变形来释放动荷载的能量,结构富余量较大,偏安全,模型材料用量也偏大。

③模型3

模型3为V形塔张弦拉索与斜拉索组合桥梁。桥面结构形式体系简洁、受力清晰,充分发挥了各类杆件的优势。连接索塔和桥面的拉索主要作为桥梁的斜拉索,也作为张弦梁的稳定索,充分发挥了材料的作用。桥梁的一部分发生可控范围内的扭动,从而释放动荷载的能量。模型3的不足是连接张弦拉索的主梁稳定性差,易发生平面外失稳。

总结:综合对比3种模型的加载试验结果、结构可靠性、材料用量和实际制作可操作性等因素,最终确定的模型效果如图1所示。

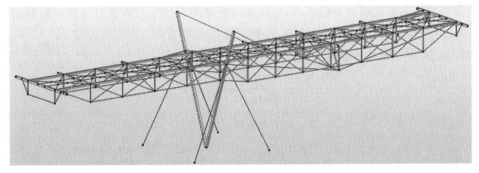

图1　模型效果

2.宁波大学——圆和线(本科组一等奖)

(1)参赛选手、指导老师及作品

参赛选手	
袁学志 何存睿 谢振洪	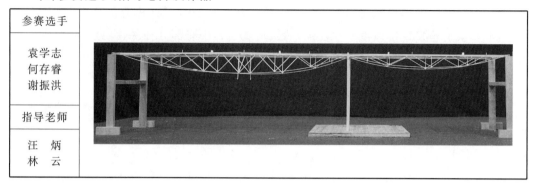
指导老师	
汪　炳 林　云	

(2)设计思想

本赛题为"不等跨双车道拉索桥结构设计与模型制作",桥梁模型要求体现以拉索为主要承重构件,如斜拉桥、悬索桥等,具体索塔形式和拉索布置方式不限。因此,我们主要从受力构件形式、结构尺寸以及桥型方案等方面对结构方案进行构思。

(3)模型方案设计

为了优化方案,我们进行了以下方案比选。

模型1整体采用3条悬带,桥两边采用L杆,在由撑杆支撑的同时,在L杆偏上侧增加1根截面尺寸为6 mm×1 mm的竹条,并在L杆和竹条之间粘贴更多的斜撑。中间也采用两侧L杆加悬带的形式,同时在撑杆下侧增加横杠连接。桥墩采用2根回字杆用于支撑。

模型2整体采用4条悬带,桥两边各1条悬带,两车道内侧各1条悬带,每条悬带除竖直方向的撑杆外,用斜杠撑住上端的L杆,桥面采用截面尺寸为6 mm×1 mm的竹条横铺,外加细竹皮粘在对角线处,桥墩采用2根回字杆支撑。

模型3整体采用2条悬带,桥两边采用竖直方向的撑杆加斜向支撑的杆件的悬带形式,两悬带撑杆底部用横向竹杆支撑,而车道则由横向杆件加顺桥面方向的2根截面尺寸为6 mm×1 mm的竹条交叉组合而成,桥墩选择用料更少的工字杆件支撑。

表1中列出了3种模型的优缺点对比。

表1　3种模型的优缺点对比

模型	模型1	模型2	模型3
优点	刚度大、稳定	刚度大,抗扭转效果好	制作简单、用料少且强度适宜
缺点	制作工艺复杂且用料繁多	用料较多	长跨加载时容易在靠近桥墩处发生断裂

总结:综合对比以上3种模型,我们认为模型3相较于其他2种模型自重轻、整体性

能高、稳定性好。因此,我们在模型 3 的基础上进一步优化相关细节。

　　桥梁整体采用双悬带,桥两侧选用 L 杆作为桥边,方便桥面与撑杆的黏结,增大黏结面积,使竹材之间的黏结更加牢固。两边悬带依旧采用竖向撑杆与斜杠支撑的形式,将竖向撑杆的长度改为 80 mm,增大两竖直撑杆之间的距离,斜向的竹杆支撑和两竖直撑杆中间对应 L 杆的位置。在以往的试验过程中,采用以上形式时,在加载过程中桥梁可能会在接近桥墩或边墩支座处发生断裂,因此我们在两个易断裂点悬带处增加了竖向撑杆。

　　在一级加载和二级加载过程中,桥梁有可能会因为扭转而发生杆件断裂,致使整个结构崩塌,因此我们将桥面的横向杆件换成了 T 形杆件,顺桥面方向在 2 根截面尺寸为 6 mm×1 mm 的竹条之间用 1 根截面尺寸为 2 mm×2 mm 的竹条支撑,使得结构整体性更强。此外,在保证桥面不被破坏的前提下,我们将两侧横向连接撑杆的竹条换成了棉线,进一步减轻了桥梁自重。

　　最终确定的模型效果如图 1 所示。

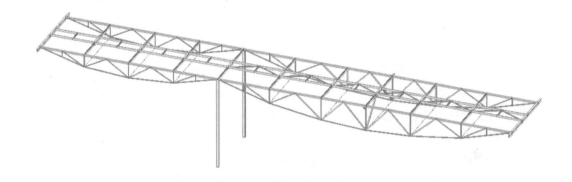

图 1　模型效果

3.台州学院——摇到外婆桥(本科组一等奖)

(1)参赛选手、指导老师及作品

参赛选手	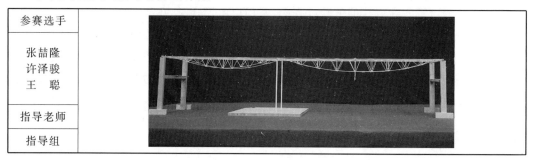
张喆隆 许泽骏 王 聪	
指导老师	
指导组	

(2)设计思想

基于赛题要求,我们从结构体系、辅杆布置、材料选择、构件截面形状与尺寸等几个方面进行构思和比较。

①结构体系

基于对赛题的解读和校赛的经验,根据不同桥梁体系的受力特点分析,斜拉桥和张悬梁两种结构体系能较好地满足赛题要求并能使模型自重尽可能轻。因此,我们初步拟针对以上两种结构体系进行理论分析和试验对比后,确定最终的结构体系。

②辅杆布置

好的辅杆布置方案能对整体结构起到积极的作用。比如由受压杆件临界力公式可知,承载能力与长度的平方成反比关系,对长细比较大的受压主杆进行分段后,该主杆的承载能力将得到显著提高。

③材料选择

本次竞赛的主要材料是不同截面尺寸的竹材和棉蜡线,要根据材料的受力性能和变形特性进行有针对性的选择。受拉构件拉力大于 120 N 时,选择竹材为宜(比如拉力为 120 N 左右时,可以将截面尺寸为 2 mm×2 mm 的竹条处理成截面尺寸为 1 mm×2 mm 的竹条,其他情况则可根据拉力进行不同规格的材料组合),竹材的优点是应力松弛显著小于棉蜡线。受拉构件拉力小于 120 N 时,可以考虑选择不同数量的棉蜡线的组合。

④构件截面形状与尺寸

在特定结构体系下,尽可能优化设计,使截面形状和尺寸既满足承载能力和挠度变形的要求,又尽可能地节省材料。比如在张悬梁结构中,上弦杆为受压主杆,将 2 根截面尺寸为 1 mm×6 mm 的竹条制作成 T 形截面,则竖向截面惯性矩显著大于横向截面惯性矩;将 3 根截面尺寸为 1 mm×6 mm 的竹条制作成倒 U 形截面,则双向截面惯性矩均较大且相近,但重量会显著增加,需要根据实际受力情况打磨材料,以控制截面刚度和重量的比例。在方案设计探索过程中,需要根据杆件的实际受力情况,通过对给定材料进行组合优化,设计出截面刚度和重量比最大的截面形式和尺寸。

(3)模型方案设计

根据赛题要求,考虑材料特性和荷载分布情况,我们对不同桥梁结构体系的受力特点进行了分析对比,拟定了斜拉桥和张悬梁两种结构体系。在备赛过程中,我们对以上两种结构体系进行了详细的理论计算和试验对比分析。

①模型1

模型1的主墩(主塔)为门式立柱,两立柱之间的距离为250 mm;立柱截面形式为矩形空心截面,尺寸为11 mm×6 mm,长边平行于桥梁纵轴线。主梁为分别在横向方向设置的2个张悬梁结构,距离为250 mm,即赛题要求的桥面板宽度。主跨最大腹高50 mm,副跨最大腹高40 mm。两侧张悬梁之间由横杆连接以增加整体性并作为桥面板的支座(见图1)。

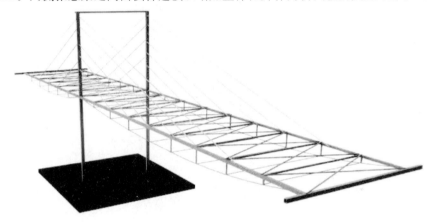

图1 模型1

②模型2

模型2的主墩间距离为170 mm,立柱截面形式为矩形空心截面,尺寸为7 mm×7 mm。主梁为分别在横向方向设置的两张悬梁结构,距离为170 mm。主跨最大腹高70 mm,副跨最大腹高60 mm。两侧张悬梁之间由横杆连接以增加整体性并作为桥面板的支座。张悬梁斜杆向上支撑于上弦杆的1/3处(见图2)。

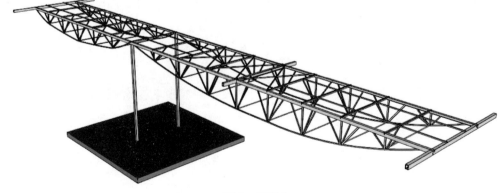

图2 模型2

表 1 中列出了两种模型的优缺点对比。

表 1 两种模型的优缺点对比

模型	模型 1	模型 2
优点	适应跨度能力强;桥面为张弦梁结构,可适应其弯矩和剪力分布;小车行驶比较稳定	适应跨度能力强;可适应其弯矩和剪力分布;桥面整体性好,能较好地抵抗重锤作用下产生的扭转;耗材少、自重轻
缺点	主塔内力大、耗材多;更加适用于荷载以恒载为主的工况;对拉索要求高,不能有太大的应力松弛	变形较大;小车行驶过程中容易左右晃动,有侧翻风险,对桥面板布置的要求高

总结:综合对比以上两种模型的优缺点,并结合赛题要求、模型尺寸、加载能力、模型自重以及耗材和耗时等方面,我们选择模型 2 为最终方案。

4.浙江农林大学暨阳学院——可乐冬瓜(本科组一等奖)

(1)参赛选手、指导老师及作品

参赛选手	
刘可东 金怡婷 邵俊华	
指导老师	
吴新燕 杨　锦	

(2)设计思想

本赛题为"不等跨双车道拉索桥结构设计与模型制作"。我们最初的设计方案采用上承式斜拉索结构,在试验和计算过程中发现结构的棉线索拉应力比较难控制,桥面梁刚度等影响导致小车卡住的现象,容易造成悬索桥结构的失效破坏。因此,我们采用以下承桁架式拉索与梁为主要受力体系的结构。结构的中间立柱采用截面尺寸为 6 mm×8 mm×1 mm 的方管立柱结构,这样的箱形截面结构柱具有较好的稳定性,在竖向压弯荷载作用下,能够满足结构承载能力的要求。主梁采用截面尺寸为 6 mm×7 mm×1 mm 的方管结构,这类箱形结构梁与下拉索结构共同作用,具有很好的抗弯承载能力和稳定性,下拉悬索采用竹条,也有很好的强度。因此,整体结构体系简单、受力明确,具有较好的强度、稳定性和刚度。

(3)模型方案设计

模型 1 采用上承式斜拉索结构的方案与试验模型(见图 1)。试验发现这种布置方式会出现部分平面外弯矩过大,横梁变形过大,导致小车卡住的现象,容易造成悬索桥结构的失效破坏。经计算和多次试验,我们最终采用下承式拉索桁架结构的方案。

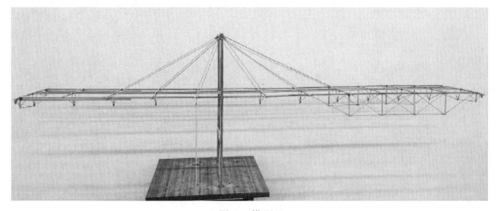

图 1　模型 1

模型 2 采用了改进的下承式拉索桥结构方案,增强了结构的整体性,也显著提高了结构的稳定性和强度。经计算分析和试验,2 根主梁的截面尺寸选用了 6 mm×6 mm×1 mm的箱形截面;2 根 300 mm 高竖向支撑框架柱的截面尺寸选用了 7 mm×7 mm×1 mm的箱形截面(见图 2)。

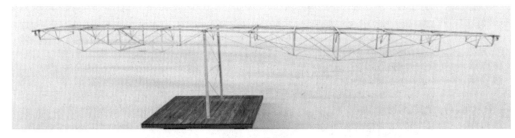

图 2　模型 2

总结:综合考虑赛题要求、结构受力特点、材料性质、现场制作要求等,经计算分析和试验比较,模型 2 结构形式简单、抗扭刚度大,我们选择模型 2 为最终竞赛方案。

5. 温州理工学院——铜雀春深锁二桥(本科组一等奖)

(1)参赛选手、指导老师及作品

参赛选手	
方思雯 郑亮亮 庄凯特	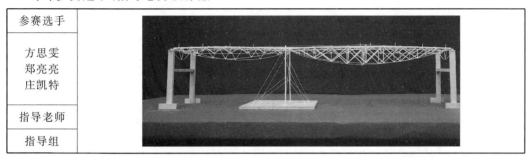
指导老师	
指导组	

(2)设计思想

本赛题为"不等跨双车道拉索桥结构设计与模型制作",模型结构形式限定为拉索桥(即以拉索为主要承重构件的预应力桥梁结构体系),如斜拉桥、悬索桥等,具体索塔形式和拉索布置方式不限,但桥梁模型须体现以拉索为主要承重构件。因此,我们从加载方式等方面对结构方案进行构思。

(3)模型方案设计

①模型1

拉索:减少斜拉索;桥墩:桁柱;桥面:大跨平面桁架+张弦,小跨龙骨(见图1)。

图1 模型1

②模型2

拉索:减少斜拉索;桥墩:上部方柱+下部桁柱;桥面:鱼腹+张弦(见图2)。

图2 模型2

③模型3

拉索:减少斜拉索;桥墩:独腿柱;桥面:鱼腹＋龙骨(见图3)。

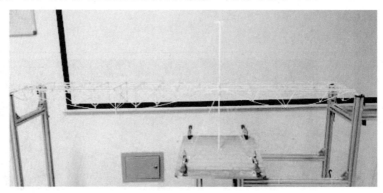

图3　模型3

④模型4

拉索:无;桥墩:无上部索塔＋门式钢架桥墩;桥面:鱼腹＋龙骨(见图4)。

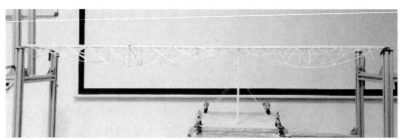

图4　模型4

总结:经过近两个月的加载和尝试,我们试验了不同的拉索布置方式、不同的桥墩、不同的桥面,决定不布置拉索;桥墩采用门式钢架,使用棉蜡线控制方柱的长细比来避免失稳问题,桥面采用下部鱼腹式结构,梁两端做强,龙骨与横梁相连以增强整体性。具体的对比分析如表1所示。

表1　重要部件的对比分析

构件	样式	对比分析	最终选择
T形截面梁		强度高、自重轻、抗扭性能好、平面外稳定性弱	选择平面外稳定性强的L形截面梁
L形截面梁		强度高、自重轻、抗扭性能好、平面外稳定性强	

续表

构件	样式	对比分析	最终选择
独腿方柱桥墩		在二级加载(4+2)的情况下,具有足够的抗压强度和桥面整体抗扭性能,但在二级加载(6+3)的情况下容易发生较大扭转	本组选择二级加载(6+3),故选择有较好抗扭性能的门式钢架桥墩
门式钢架桥墩		在二级加载(6+3)的情况下,具有足够的抗压强度和桥面整体抗扭性能	
分段式立体张弦梁		在二级加载(4+2)的情况下,具有足够的承载能力,但在二级加载(6+3)的情况下,立体张弦梁收缩部位无法支撑荷载	本组选择二级加载(6+3),故选择有足够承载能力的整体式立体桁架梁
整体式立体桁架梁		在二级加载(6+3)的情况下,立体桁架梁具有足够的承载能力	

最终确定的模型效果如图 5 所示。

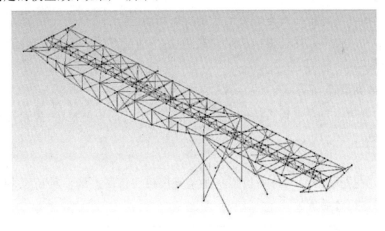

图 5　模型效果

6.台州学院——叮叮彩虹桥(本科组一等奖)

(1)参赛选手、指导老师及作品

参赛选手	
王宇洋 赵建峰 王伟烨	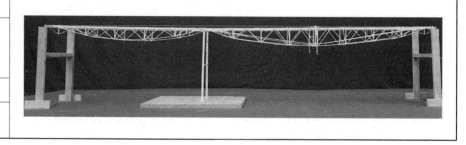
指导老师	
刘树元 沈一军	

(2)设计思想

根据赛题要求,模型结构形式限定为拉索桥、不等跨结构、双车道。我们主要从桥面结构、支撑体系,一、二级加载对于结构体系的影响等方面对结构方案进行构思。

桥面结构在体现拉索作为主要承重构件时,应保持必要的刚度,以便满足二级加载时载重小车的通行。

主墩结构形式应对桥面产生较好的稳定支撑和固定。

在主跨端部结构形式保持纵向稳定性的同时,平面变形应限定在一定范围内,保证一级偏侧加载成功。

(3)模型方案设计

斜拉桥和悬索桥是缆索承重桥的主要形式。因此,我们将斜拉桥、悬索桥和上承式悬带桥作为备选桥型。

①模型1

模型1为斜拉桥,是采用许多拉索将主梁直接拉在桥塔上的一种桥梁,由承压塔、受拉索和承弯梁体组合而成。

②模型2

模型2为悬索桥,是以通过索塔悬挂并锚固于两岸(或桥两端)的缆索(或钢链)作为上部结构主要承重构件的桥梁。

③模型3

模型3为自锚上承式悬带桥,其以桥面下的"悬带"作为主受力构件,充分发挥了钢材的抗拉能力;桥面梁板结构既用于通车,又作为受压构件平衡拱的水平力。

表1中列出了3种模型的优缺点对比。

表1 3种模型的优缺点对比

模型	模型1	模型2	模型3
优点	对桥面结构体系要求低,对首尾次墩的要求低	对主墩结构形式的要求低,对桥面结构体系的要求低	对首尾次墩的要求低,对主墩结构形式的要求低
缺点	主墩需要高出桥面,桥面易变形	对首尾次墩的要求高,桥面容易弯曲变形	对桥面刚度有一定要求

总结:按照赛题要求,次墩只能起支撑作用,不能起锚固作用,因此模型2不适合;模型1虽然对于桥面刚度要求有所降低,但是桥面易变形,同时主墩需要高出桥面很多,性价比不高;模型3对于次墩的要求不高,同时主墩只须起到支撑以及部分抗剪切作用,桥面刚度比较容易实现,同时可满足赛题关于桥面平整度的要求。因此,我们选择模型3为最终方案,模型效果如图1所示。

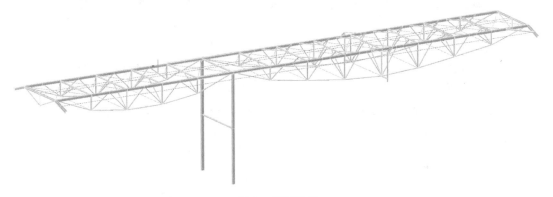

图1 模型效果

7.浙江树人学院——皇冠曲奇(本科组一等奖)

(1)参赛选手、指导老师及作品

参赛选手	
汤海超 万奔腾 郑佳豪	
指导老师	
楼旦丰 金　晖	

(2)设计思想

本次赛题为"不等跨双车道拉索桥结构设计与模型制作"。拉索桥是一种重要的桥梁结构形式,特别是在峡谷、海湾、大江、大河等不易修筑桥墩的地方架设大跨径的特大桥梁时,往往都会选择悬索桥和斜拉桥的桥型。世界著名的拉索桥有上海杨浦大桥、法国诺曼底大桥、日本多多罗大桥等(见图1)。

图 1　世界著名的拉索桥

(3)模型方案设计

①材料选择

本次竞赛提供了竹皮和竹条两种竹材,对于受压杆件来说,两种材料都可以制作成组合截面。为了比较两种材料制成的杆件的力学性能差异,我们分别测试了相同长度

— 44 —

(380 mm)、相同截面尺寸(7 mm×7 mm)的竹皮空心杆和竹条空心杆的承载能力极限,试验结果见表1。

表1 竹皮空心杆和竹条空心杆的承载能力极限比较

材料	竹皮空心杆	竹条空心杆
最大荷载	100 N	340 N

从试验结果中可以看出,在杆件质量相似的情况下,竹条空心杆的承载能力远大于竹皮空心杆;从破坏情况来看,竹皮空心杆发生破坏前变形较小,多为突然间的脆性破坏,而竹条空心杆韧性更好,在破坏前有较明显的变形。基于此,我们决定采用竹条制作模型的主杆。

今年竞赛提供了3种竹皮,包括厚度为0.2 mm的单层竹皮,以及厚度分别为0.35 mm、0.5 mm的双层竹皮。在模型制作及试验的过程中我们发现,竹皮在受拉时容易发生撕裂破坏,因此我们决定采用削薄的截面尺寸为2 mm×2 mm的竹条制作受拉构件。

②横截面的选择

模型涉及7种类型的主要构件,分别是桥面主杆、桥塔主墩杆件、边墩支座横梁、桥面横撑、桁架撑杆、桁架张弦拉条、斜撑。

在确定桥面主杆杆件横截面尺寸时,考虑到桥面主杆主要为受弯构件,因此我们制作了多种截面大小、种类不同的空心杆,并进行多次试验。结合赛题的加载荷载、杆件重量以及制作工艺难度,我们最终决定桥面主杆采用截面尺寸为6 mm×8 mm的竹条空心杆矩形截面,并将矩形杆竖向放置,以充分利用矩形截面的Y轴惯性矩较大的力学性能。

在确定桥塔主墩杆件截面尺寸时,我们制作了6种截面大小不同的空心杆进行压缩试验,得到不同截面尺寸下空心杆的极限压力,结果见表2。结合赛题的加载荷载、杆件重量以及制作工艺难度,我们最终决定桥塔主墩受压杆件采用截面尺寸为7 mm×7 mm的竹条空心杆截面。

表2 不同截面尺寸杆件承载能力比较

截面尺寸/mm	压杆试验	竹条空心杆承载能力/N
10×10		400
9×9		350
7×7		340
6×6		260
5×5		230
8×10		380

45

在确定边墩支座横梁截面尺寸时,通过对杆件位置及加载时受力情况的分析,结合杆件重量以及与桥面主杆的连接,边墩支座横梁采用截面尺寸为 6 mm×8 mm 的竹条空心杆,并将该矩形杆件竖向放置,以利用矩形杆件的惯性矩,提高杆件的受弯强度。

在确定桥面横撑截面尺寸时,根据模型荷载位置以及加载方式,横撑杆件主要为受弯杆件,且存在弯矩差异,各个部分的横撑受力不同。考虑杆件重量,横撑有两种不同的截面形式,分别是截面尺寸为 3 mm×3 mm 的杆件以及尺寸为 7 mm×6 mm 的 T 形截面和尺寸为 7 mm×6 mm 的 T 形截面的横撑布置。其余桥面横撑为截面尺寸为 3 mm×3 mm 的杆件。由于长跨跨中位置需承受重锤的震荡,弯矩以及剪力均较大,因此采用截面尺寸为 3 mm×3 mm 的杆件,并在下部设置由截面尺寸为 3 mm×3 mm 的杆件制作的斜向支撑以及水平系杆,将力传递至主杆下的张弦拉条(见图 2)。

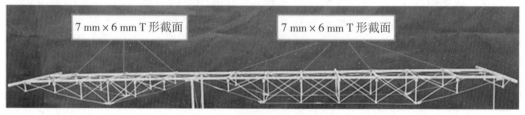

图 2　桥面横撑布置

在确定桁架撑杆截面尺寸时,由于杆件长度较短,且数量较多,考虑制作方式以及制作时间,采用竹条原始截面尺寸制作。截面尺寸为 1 mm×6 mm 的竹条弱轴受力较弱,截面尺寸为 2 mm×2 mm 的竹条受弯性能较差,因此采用截面尺寸为 3 mm×3 mm 的竹条制作桁架撑杆。

在确定桁架张弦拉条截面尺寸时,考虑到张弦拉条在该模型中为重要受力杆件,因此采用削薄的截面尺寸为 3 mm×3 mm 的竹条制作桁架张弦拉条。

斜撑均采用削薄的截面尺寸为 2 mm×2 mm 的竹条。

最终确定的模型效果如图 3 所示。

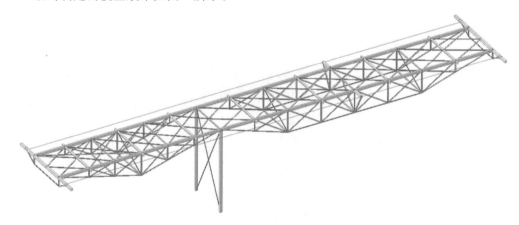

图 3　模型效果

8.温州理工学院——云帆(本科组一等奖)

(1)参赛选手、指导老师及作品

参赛选手	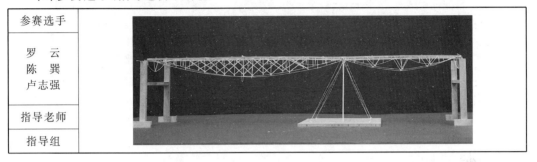
罗　云 陈　巽 卢志强	
指导老师	
指导组	

(2)设计思想

本赛题为"不等跨双车道拉索桥结构设计与模型制作",是以拉索为主要承重构件的预应力桥梁结构体系。我们从以下几个方面对结构方案进行构思。

主跨和次跨的桥面跨中必须具有较大的抗弯刚度和抵抗动荷载冲击的能力,并且在施加荷载后能够保证小车顺利通行。

桥梁结构必须体现以拉索为主要承重构件,对比拉索桥、悬索桥或者其他以拉索为主要受力构件的桥梁之间的优缺点来进行结构体系的选择。

我们需要对比各类材料的特点,充分发挥不同材料的性能(比如竹材具有较高的受拉性能);尽可能减少桥梁受压构件,并增加桥梁受拉构件以控制桥面自重。

基于对竞赛加载条件(如履带的宽度、小车车轮的轴距和间距等)的充分分析,有针对性地优化结构形式。

(3)模型方案设计

在方案设计的过程中,我们始终以严谨的态度进行模型的设计和优化,以达到最优效果。经加载试验和理论分析,我们结合鱼腹式梁桥与斜拉桥各自的优点,做了如下设计模型。

①模型1(见图1)

图1　模型1

②模型 2(见图 2)

图 2　模型 2

③模型 3(见图 3)

图 3　模型 3

我们首先采用的是斜拉桥结构(立体架搭配拉索),主跨桥面采用三角形立体架来确保跨中刚度;桥塔采用格构柱,具有较大的强度和刚度;桥面中间采用立体张弦梁来保证桥面中间的刚度。总体来说,立体架桥面刚度大、桥墩过刚且自重过重、桥面抗扭性能低。

对比分析可知:L 形截面与 T 形截面的受压强度比较接近,在同时满足受压强度下T 形截面和 L 形截面的自重最轻;但是 L 形截面抗扭性能较弱,因此主梁采用 T 形截面,即:①两个鱼腹主梁上弦采用 T 形梁,下弦采用具有一定韧性和抗拉强度较高的竹杆,中间采用具有一定抗压强度的腹杆将上弦与下弦连接起来,形成了一个平衡体系;②桥面荷载通过腹杆将力传递至下弦拉杆,保证了以拉索为主要承重构件;③桥面中间采用纵向立体张弦和横向平面张弦来确保桥面中间的刚度,整个桥面受力为纵—横—纵(即将桥面中间荷载先传递至中间纵向张弦,然后传递至横向张弦梁,最后再将荷载传递至两侧鱼腹主梁);④桥墩采用箱形独墩加变截面箱形盖梁结构的形式,盖梁两边通过拉索锚固在地面来确保桥的稳定性(桥面抗扭和抗倾覆),采用独墩加拉索的受力形式有效减轻了自重。表 1 中列出了 3 种模型的优缺点对比。

表 1　3 种模型的优缺点对比

模型	模型 1	模型 2	模型 3
优点	桥面和桥刚度大	自重较轻,结构简洁美观	自重轻,结构简洁美观
缺点	自重重,抗扭性能差	拉索预应力难以把握,跨中变形大	主桥面处比较弱,会产生负弯矩

　　总结:综合比较 3 种模型的优缺点,我们选择模型 3 为最终方案(即鱼腹式架结构,下弦拉杆为主要承重构件)。该模型主要有以下特点:①桥面纵向采用两个鱼腹式架结构,能够为桥面纵向提供较大的刚度和稳定性;②桥面中间采用纵向张弦梁和横向张弦梁搭配的形式,在保证桥面较轻自重的同时具有较大的刚度;③桥墩采用独墩＋盖梁＋拉索的形式,在有效减轻桥墩自重的同时通过拉索来保证整个桥的稳定性(抗扭和抗倾覆);④整个模型线性美观、结构受力简洁、自重轻,具有结构创新性(独墩＋盖梁＋拉索的结构形式)。

9. 绍兴文理学院——欢乐桥(本科组一等奖)

(1)参赛选手、指导老师及作品

参赛选手	
庄东暖 申屠存 方佳楠	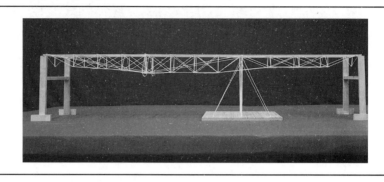
指导老师	
冯晓东 姜 屏	

(2)设计思想

本赛题为"不等跨双车道拉索桥结构设计与模型制作",我们从结构受力特点、结构抗弯、桥面结构抗扭等方面对结构方案进行构思。

模型选用空间桁架体系,由桥面、桥塔、斜拉索组成;桥面又分为主梁、桥间横梁、桥端横梁、桥梁下悬桁架部分。在模型结构中,斜拉索和桥梁下悬桁架部分以受拉为主,且为主要承力结构,满足赛题中模型体现以拉索为主要承力构件的要求。

一级加载时,在模拟风力作用下引起桥梁结构的竖向振动,产生桥梁的结构"颤振",长跨中部承受巨大的弯矩。同时,由于桥面两主梁间距的缩短,桥面长向会受到巨大的扭转力。针对上述问题,我们的应对方案是通过调整桥梁下悬桁架间距、压杆间距来使主梁抗弯达到要求;通过将斜拉索直接拉在重锤下端来分解重锤下压力,减小桥面所受的扭转力。

二级加载时,将2辆小车分别移至2条车道的桥面板端部,两车头相向,规定2辆小车上的砝码数量比为1:2,并将配重大的小车放置在偏载侧。车辆行驶时为移动荷载,并且在长短跨跨中分别有斜坡障碍物,使小车行驶时发生颠簸。小车移动时会对跨中产生巨大的弯矩,并且在跨中颠簸时会对跨中段产生巨大的剪力。我们将通过桥梁下部的X斜拉条传递剪力,通过桁架结构控制桥面主梁变形。同时对于桥面内部的变形,我们也采用X形网状结构来保证车辆不会颠簸侧翻。

桥梁减重的重点和难点在于桥面。若缩短桥面主梁的间距,则可以有效提升桥面间横梁的刚度,减轻桥面自重,但会造成桥面所受扭转力的提高,导致桥面侧翻问题。因此,必须选择一种合适的桥面主梁间距。在保证横梁刚度,减轻桥面自重的同时,不会造成桥面受扭过大,从而导致小车行驶时侧翻。

(3)模型方案设计

结合实际工程,我们初步确定了以下两种模型方案(见图1、图2):

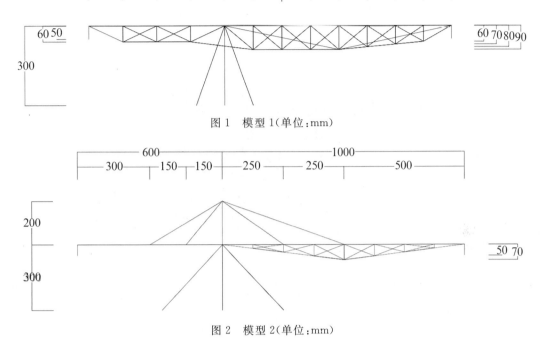

图 1 模型 1(单位:mm)

图 2 模型 2(单位:mm)

表 1 中列出了两种模型的优缺点对比。

表 1 两种模型的优缺点对比

模型	模型 1	模型 2
优点	空间桁架体系,桥面整体稳定、传力合理,模型对桥面主梁的抗弯能力和刚度要求较小,可以做减重处理;采用塔—跨中—支座的斜拉条来提高模型桥面的抗扭能力	拉索可以直接控制桥面的扭转力,从而解决桥面侧翻问题;长短跨拉索互相平衡水平方向力,使桥塔以受压为主,斜拉条受拉,充分利用材料特性
缺点	模型制作对竹杆的需求较大,必须对各构件的竹材用量进行严格的计算和分配;杆件连接的节点多,必须精准连接,对工艺要求高,需要处理好所有的节点连接问题	对主梁的刚度要求较高,并且为了塔索的有效性,必须增加塔的高度,无显著自重优势;对于主梁间距缩短的桥面,塔索无法直接拉在桥面上,塔索的作用会因此减弱;拉索时,对拉索的松紧度控制要求高

51

10.浙江树人学院——胜利队(本科组一等奖)

(1)参赛选手、指导老师及作品

参赛选手	
金　彬 叶卓琛 徐文龙	
指导老师	
沈　骅 金　晖	

(2)设计思想

本赛题为"不等跨双车道拉索桥结构设计与模型制作",我们从构件强度、抗扭转和移动荷载、稳定性、模型自重等方面对结构方案进行构思:

①构件强度:上弦采用空心杆,增加截面高度,增大杆件强度;

②抗扭矩和移动荷载:采用鱼腹式桁架,使结构刚度满足赛题要求;

③稳定性:杆件连接使用胶水和竹粉加固,使其连接近似于刚连接,大大提升稳定性;

④模型自重:结构尽可能从简,选取较为轻质的杆件,减轻模型自重。

(3)模型方案设计

对于桥梁结构,大致有以下 3 种模型方案(见图1～图3)。

图 1　模型 1

图 2　模型 2

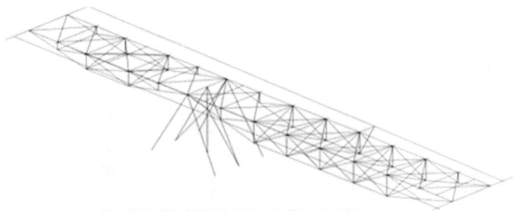

图 3　模型 3

表 1 中列出了 3 种模型的优缺点对比。

表 1　3 种模型的优缺点对比

模型	模型 1	模型 2	模型 3
优点	体系稳定	体系刚度大、整体性强、模型造型美观	体系跨中抗弯刚度较大、支座处抗弯刚度较小,受力性能更为合理
缺点	体系较重、整体效能较低	整体效能低	结构强度不如前两者

总结:结合赛题以及选材用量,最终确定的模型效果如图 3 所示。

11.杭州科技职业技术学院——桥这里(高职高专组一等奖)

(1)参赛选手、指导老师及作品

参赛选手	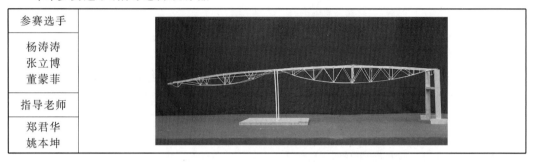
杨涛涛 张立博 董蒙菲	
指导老师	
郑君华 姚本坤	

(2)设计思想

根据赛题要求,经过大量加载测试,我们发现在各式桥梁中,组合体系桥的形式可以结合多种缆索体系桥梁的优点,最终形成的梁杆索相结合的鱼腹式组合体系受力、传力路径明确,易发挥竹材的特性。模型的上弦杆采用 T 形截面承受弯矩和压力,模型的下弦杆采用鱼腹拉索形式承受大部分的桥梁受力。腹杆采用竖杆和斜撑,以减小主梁跨中弯矩,同时提高多个杆件之间的联系,有助于加强桥梁整体的稳定性。桥梁支承横梁的强度设计要使小车在车道加载时产生尽量少的变形,以保证小车安全顺利通行。

对所有杆件进行细节处理、精心设计,尤其是连接点,通过不断的数值模拟和实践试验优化初步方案。

(3)模型方案设计

我们主要考虑斜拉桥和基于缆索体系桥梁的鱼腹式组合体系桥。斜拉桥构造优美、受力明确,在大跨径桥梁建设中使用广泛,桥梁模型可以使用棉蜡线作为拉索构件。经过试验发现,采用棉蜡线作为拉索构件会产生较大的弹性形变,导致结构稳定性较差。因此,我们最终淘汰了斜拉桥桥型。梁杆索相结合的鱼腹式组合体系形式可以吸取传统缆索体系桥的优点,更换棉蜡线采用不易产生形变的竹杆作为下拉索构件,上部结构构造简单,可以控制模型自重。

最终确定的模型效果如图 1 所示。

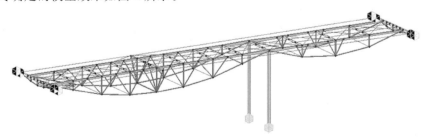

图 1　模型效果

12. 湖州职业技术学院——独木桥(高职高专组一等奖)

(1) 参赛选手、指导老师及作品

参赛选手	
奚　晴 王卓祥 张银果	
指导老师	
黄　昆 魏　海	

(2) 设计思想

本赛题为"不等跨双车道拉索桥结构设计与模型制作",要求使用集成竹设计制作能够承受竖向荷载和移动荷载的结构模型。因此,我们从结构设计、模型制作、加载策略等方面对结构方案进行构思。

根据赛题要求,桥梁模型主跨跨中承受 20 N 的竖向振动荷载,同时桥面还要承受 114 N 的小车移动荷载。为了保证结构的整体稳定性和刚度,初步考虑设计具有一定抗侧刚度的偏刚性模型。由于桥梁主跨的跨度较大,桥梁主跨的跨中弯矩较大,因此整个桥梁结构设计为以下弦拉索为主要受拉构件的索桁架桥形式。

模型的制作质量是结构能否加载成功的关键,赛题要求必须体现以拉索为主要受力的结构形式,这大大增加了结构模型的设计和制作难度。桥墩立柱采用单层竹皮制作的方管,水平撑采用 T 形杆,柔性拉杆采用单拉条制作。考虑到竹材材质的各向异性和竹节对强度的影响,制作时除了精心选材之外,还须对节点进行加固处理,对拉杆的竹节进行贴皮加强。

本次竞赛要求每个结构模型加载两次,第一次加载时重量指定不变;第二次加载时,可以在小车上施加 6 kg 或者 9 kg 的荷载,加载成绩与加载重量基本成正比。加载重量越大,模型的加载得分就越高。经过多次对比发现,增加一定的加载重量之后,结构模型的自重并没有线性增加,因此选择满载是最有利的,同时也是最具有挑战性的。

(3) 模型方案设计

在确定大致的结构方案之后,针对具体结构体系仍需要进行选型对比。经过多次模拟计算,我们发现以下 3 种结构都有各自的优缺点,可作为备选结构体系。最后,经过反复试验和对比,从多个备选结构体系中选择最佳结构体系。

①模型 1

模型 1 为斜拉索结构。该结构由 2 根主塔支撑桥梁,然后通过斜拉索将桥面荷载传递至主塔,主塔高度 600 mm,立柱采用大方管截面,水平撑采用方管或 T 形截面,斜撑采用柔性拉索。这种结构体系的荷载传递路线明确、结构杆件少、制作速度快。但是,由于主跨跨度太大,拉索材料的用量也较大;且由于桥塔高度较高,立柱的长细比较大,而加大立柱杆件的横截面则导致结构自重的增加,有待于进一步优化。

②模型 2

模型 2 为下悬索结构。该结构的设计灵感来源于"倒悬桥"结构,上弦桥梁为行车面受压杆,下弦为悬索。通过多个小墩柱将上弦压力传递至下弦拉索形成张拉结构。整个桥梁截面由跨中向两端渐变,形成鱼腹式桥型。为了减小桥墩立柱的长细比,将桥墩立柱设计成截面尺寸为 10 mm×7 mm 的大方管截面。这种结构体系的杆件数量较少,且充分利用悬索受拉强度高的特点。但由于桥面的集中荷载较大、荷载偏心严重,上弦杆的局部弯矩较大,结构的整体刚度也较小,容易造成跨中变形太大而被破坏,该结构体系也需要进一步优化。

③模型 3

模型 3 为下悬索张拉结构。该结构是在模型 2 的基础上进一步优化改进而成。在上弦压杆与下弦拉索之间设置对称的交叉斜拉索,形成受力明确的桁架结构,将集中荷载传递至节点,以减小上弦杆件的弯矩。通过施加预应力使主跨桥面向上起拱至一定高度,且充分发挥下弦拉索的受力性能。这种结构体系结合了以上两种结构体系的优点,使结构杆件的受力比较均衡,结构刚度大大提高。但由于截面为变截面,受拉拉索数量较多,模型的制作难度也较大。

表 1 中列出了 3 种模型的优缺点对比。

表 1   3 种模型的优缺点对比

模型	模型 1	模型 2	模型 3
优点	杆件数量少、简单规整	杆件数量少、自重轻	杆件受力均衡、刚度适中
缺点	杆件截面大、自重增加	刚度小、变形大	制作难度大

总结:通过理论分析和试验验证,我们选择模型 3 为最终方案,模型效果如图 1 所示。

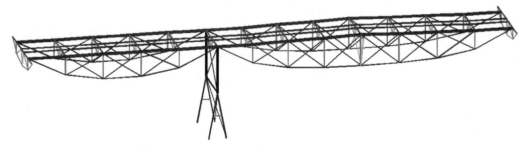

图 1   模型效果

13.浙江工业职业技术学院——通途(高职高专组一等奖)

(1)参赛选手、指导老师及作品

参赛选手	
赵　翔 蔡启鹏 张一展	
指导老师	
罗烨钶 单豪良	

(2)设计思想

本赛题为"不等跨双车道拉索结构设计与模型制作"。通过对赛题的分析,我们认为结构设计有两部分:一是水平受力构件——梁;二是承受荷载竖向力的桥墩。

首先,设计水平受力构件——梁。针对不等跨桥,我们设计了较高的梁高。为了减轻结构自重,我们保持梁高基本不变,将实腹梁变成桁架梁。通过计算,我们发现在长跨部分桁架梁两端,杆件没有充分发挥作用。因此,我们把桁架梁改成鱼腹型梁。

其次,设计桥墩部分。为了使桥墩仅承受荷载竖向力,将桥墩和梁的连接设计成铰接。为了提高桥墩压杆的稳定性,通过拉索将桥墩顶部固定。

最后,本赛题的难点是对偏荷载和扭矩的处理。我们采用斜拉索设计,一方面控制长跨中部的变形,另一方面将偏荷载和扭矩传递至桥墩,以减少对桥面的影响。

此外,我们通过研究斜拉索桥案例,将索塔缩短至与桥面相平,并以桥面的横向梁为索塔端部的横向约束。

因此,基于以上设计思想,我们从荷载、结构方案特点、支承体系选择、实现步骤等方面对结构方案进行构思。

(3)模型方案设计

①模型1

模型1为斜拉桥,稀索。桥面结构由三榀桁架或张弦梁构成。根据加载特点,将索塔与主梁连接点设定在桥面障碍物的边缘,可以有效降低桥面结构的振动幅度,将桥面振动产生的附加荷载快速传递至索塔。主梁由三榀桁架或张弦梁组成,可以提供平稳支承,使小车不容易侧翻。

②模型2

模型2为斜拉桥,稀索。桥面结构由二榀桁架或张弦梁构成,桥面横梁外挑。模型2的索塔和主梁的连接点与模型1相似,挂点改为主梁横向外挑桁架的上节点。结构受力特点与模型 1 相似,但主梁结构变成了二榀桁架或张弦梁组合,桥面刚度下降,小车容易侧翻,需要通过横向加劲梁、纵向桁架或张弦梁组合来加强整体刚度,使小车不易侧翻。

③模型 3

模型 3 为张弦梁桥,稀索。桥面结构由二榀桁架或张弦梁构成,桥面横梁外挑。模型 3 的受力类似于模型 2,但索塔直接降到桥面处边缘。拉索与主梁的挂点在主梁横向外挑桁架的下节点,桥梁变成典型的张弦梁形式。因为没有索塔,所以只需设计桥墩,设计制作更加简单。不足点是斜拉索倾角变小,拉力变大。利用棉蜡线为拉索已不合适,需要改成竹条为拉索。但总体来说,结构满足承载能力的要求且模型自重更轻。

总结:模型 1 结构用料多,加载成功率最高;模型 3 自重最轻,材料能够发挥最大性能,加载成功率较高;模型 2 各方面性能位于两者之间。因此,我们选择模型 3 作为最终模型方案。

14.湖州职业技术学院——三只小白(高职高专组一等奖)

(1)参赛选手、指导老师及作品

参赛选手	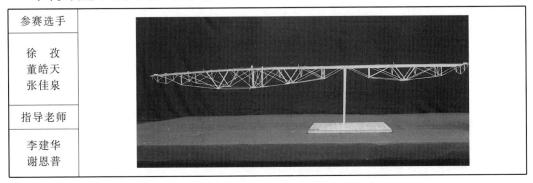
徐 孜 董皓天 张佳泉	
指导老师	
李建华 谢恩普	

(2)设计思想

不等跨双车道拉索桥常采用的结构形式有空间桁架、斜拉索、悬索、桁架拱等。在实际工程中,斜拉索和桁架拱使用的最多。本赛题桥梁的支座和上方净空都有特殊限制,为斜拉索和桁架拱增加了设计和制作难度。因此,我们最终选择受力形式简单的预应力索桁架结构体系。桥梁上弦杆采用工字形截面承受弯矩和压力,下弦杆采用预应力拉索,腹杆采用斜撑,以减小跨中弯矩。桁架节点采用刚性节点以增加构件之间的约束,提高结构整体的稳定性。局部节点采用加腋和加劲肋进行加固处理,以减少应力集中的现象。桥台采用铰接点支座的支承形式,既可以释放端部负弯矩,又可以保证跨中的抗弯承载能力,使得结构更加实用和美观。

考虑到竹材材质不够均匀、各向异性、抗压强度低于抗拉强度等特点,在设计结构构件时,受压杆件尽可能采用工字形截面和 T 形截面,受拉构件采用拉条。为了提高结构的可靠性并加快制作进度,结构体系应尽可能做到简单且荷载路径明确。

(3)模型方案设计

赛题对模型的结构尺寸和构件布置也提出了较多限制条件,特别是桥面坡度、截面高度和桥墩位置等。因此,在模型方案的设计上,桥梁结构采用预应力索桁架结构形式。从最初的方案设计到最终的方案确定,前后经过多次建模计算和试验对比,最终得出了 3 个合理的模型方案,通过反复试验和计算,我们选择了模型 3 为最终的模型方案。

在桥墩结构形式的设计上,最初考虑的是格构柱方案和交叉桁架方案。但通过计算和试验,我们发现它们的荷载传递和结构稳定性不够合理,需要加大截面尺寸来满足其承载能力要求。通过优化设计,我们最终将桥墩设计为大方管结构。桥梁腹杆以 V 形斜撑和交叉柔性撑间隔分布,通过预应力拉索与上弦杆和桥墩连接,形成跨中微拱的鱼腹形索桁架结构体系。

桥梁上弦杆的受力状态为偏心受压,由于集中力对构件产生较大弯矩,为了提高截面的抗弯能力,我们采用工字形截面,以增加截面惯性矩并保证压杆的稳定性。这种截面形式能够提供较大的抗弯截面模量,以保证构件的抗弯能力,防止构件失稳破坏。

桥梁下弦杆的受力状态为轴心受拉,考虑到拉杆连接处的胶水容易脱落,节点需要较大的接触面积,我们决定下弦杆采用实心竹条。在制作时对拉条施加预应力,使其处于张拉紧绷状态,同时也能使桥面起拱一定的幅度。

桥梁腹杆的受力状态为轴心受压,腹杆长度较短、承受的轴心压力较小,我们决定腹杆采用 T 形截面。与 L 形截面相比,T 形截面制作简单、左右对称、截面惯性矩大、压杆的稳定性好。

桥墩立柱处于轴心受压状态,为了节省制作材料,保证立杆外边缘与主梁外边线平行,我们决定桥墩立柱采用矩形方管截面。方管截面的回转半径大、抗压能力强,截面外边缘与主梁和斜撑的连接节点容易处理。

表 1 中列出了 3 种模型的结构示意图和优缺点对比。

表 1 3 种模型的结构示意图和优缺点对比

模型	结构示意图	特点分析
模型 1		优点:索塔承担主要内力,斜拉索减小跨中内力,跨中弯矩小,压杆稳定性高 缺点:拉索较多,桥面变形较大,构件受力复杂,整体稳定性较低
模型 2		优点:桥墩与桥梁整体拉结,采用交叉桁架,稳定性强,结构刚度大 缺点:桥墩交叉处弯矩较大,结构整体不够优化,杆件间拉压并存的复杂节点较多
模型 3		优点:桥墩大大简化,受力明确,构件数量较少。节点较少、可靠性较强,试验发现支座的负弯矩大大减小 缺点:桥墩垂直度要求较高,制作时需要控制得非常精准,提高了制作难度;中支座上弦杆出现了弯矩,需要做局部加强处理

赛题对不等跨双车道拉索桥结构的尺寸和桥墩位置作了较多限制,但在结构设计上仍有较多的自由创新空间。本结构模型设计主要有以下几个创新点。

①桥梁腹杆以 V 形斜撑和交叉柔性撑间隔分布,形成跨中微拱的鱼腹形索桁架结构体系,既可以增加桥梁的抗弯刚度,又可以节省材料,使结构更加实用和美观。

②柔性桥墩设计。采用单排立杆辅以柔性拉索构成桥墩,不仅大大简化了结构构件,还可以起到一定的减振效果。

③竖向振动缓冲技术。为了减小桥面障碍物对桥梁造成的振动冲击,在设计时,尽可能使障碍物位于桁架节点之间的跨中位置。其目的是通过上弦杆柔性变形来减小振动荷载对节点的影响,对车辆振动起到一定的缓冲作用。

经过优化之后的模型效果如图 1 所示。

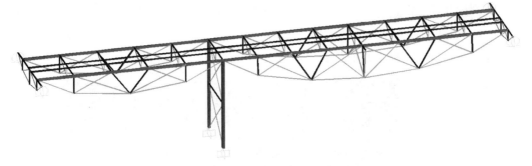

图 1 模型效果

15. 杭州科技职业技术学院——桥下·桥上(高职高专组一等奖)

（1）参赛选手、指导老师及作品

参赛选手	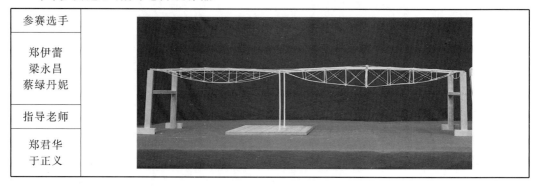
郑伊蕾 梁永昌 蔡绿丹妮	
指导老师	
郑君华 于正义	

（2）设计思想

本赛题为"不等跨双车道拉索桥结构设计与模型制作"。以拉索为主要承重构件的预应力桥梁结构体系有斜拉桥、悬索桥、下(中)承式拱桥、反向芬克式桁架桥、鱼腹式桁架桥等形式。

根据赛题要求,考虑到竹材的不均匀、各向异性、抗压强度低和抗拉强度高等特点,我们依次排除了悬索桥、反向芬克式桁架桥与斜拉桥的桥型,把模型的结构形式最终锁定为结构简单且易于制作的鱼腹式桁架桥。

（3）模型方案设计

经过有限元仿真分析以及大量试验,我们发现:模型1结构整体缺陷较多,且杆件的制作较为复杂;模型2造型独特,但结构杆件较长导致模型较为笨重,且抗扭效果不是很理想;模型3相较于上述两种模型,传力较为简单,构件数量也相对较少。因此,我们选择模型3为最终方案。表1中列出了3种模型的结构示意图和优缺点对比。

表1　3种模型的结构示意图和优缺点对比

模型编号	结构示意图	优缺点
模型1		优点:结构传力较为简单,形式较为新颖 缺点:结构桥面"刚柔并济"的效果不明显,双拱受荷变形较大,绳索数量较多,难以达到预期效果

续表

模型编号	结构示意图	优缺点
模型2		优点:结构较刚、承载能力强,结构整体较为美观 缺点:结构杆件较多,腹杆受压杆较长,模型整体较为笨重
模型3		优点:结构整体性较强,传力路径简单,杆件数量较少 缺点:上弦杆对制作工艺要求较高

16. 浙江同济科技职业学院——金古桥(高职高专组一等奖)

(1)参赛选手、指导老师及作品

参赛选手	
刘 飞 陈俊杰 龚力喜	
指导老师	
庞崇安 朱希文	

(2)设计思想

根据赛题,第一阶段要求行车荷载位于偏载侧的车道主跨跨中和次跨跨中,冲击荷载位于偏载侧主跨跨中;第二阶段要求保持第一阶段中的模拟冲击荷载的重锤和弹簧不动。在两条车道的桥面模拟行车荷载。因此,设计方案汲取不等跨斜拉桥和空间结构技术的优点并结合竞赛提供的结构材料,进行结构设计与模型制作。

①结构设计重难点分析

梁段不对称:索塔两侧梁段不对称造成斜拉索索力不对称,模型加载过程中存在不对称荷载造成的斜拉索应力超标的可能性。

行车荷载:第二阶段加载过程模拟小车因垂直压力、加速、减速等各种阻力所产生的水平力,行车颠簸引起的振动和冲击力对梁段整体刚度提出了更高的要求。

②结构体系选择

本次竞赛以"不等跨双车道拉索桥结构设计与模型制作"为题,以实际的不等跨斜拉桥工程为研究对象,我们发现这类工程多以钢筋混凝土预应力拉索为结构材料进行建造,竞赛模型加载成功的同时要求模型自重轻。因此,我们的思路是充分借鉴实际工程中的预应力拉索并把现代空间结构技术的优点融入其中。

(3)模型方案设计

①模型 1

根据加载情况,索塔采用不等边三角形对称设置,塔顶处设置索拉节点。模型竖向承重构件采用 H 形截面,将竖向承重构件与桥面边纵梁进行连接。桥梁段参考赛题要求设置为两段式,分段距离分别为 600 mm、1000 mm。桥梁段的主梁截面采用 T 形截面,桥梁段的上部结构采用斜拉索长边,对称设置 24 个索点,其中长跨方向 16 个索点,短跨方向 8 个索点。桥梁段的下部结构采用平面桁架(见图 1)。

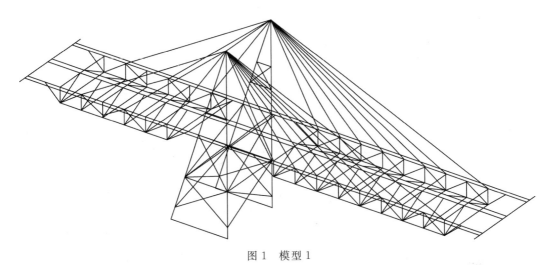

图 1　模型 1

②模型 2

在模型 1 的基础上,索塔采用等腰三角形对称设置,塔顶处设置索拉节点。模型竖向承重构件采用矩形截面,将竖向承重构件与桥面边纵梁进行连接,梁下支撑采用工字形截面。桥梁段参考赛题要求设置为两段式,分段距离分别为 600 mm、1000 mm。桥梁段的长边主梁截面采用 H 形截面,短边采用 T 形截面。桥梁段的上部结构采用斜拉索长跨,对称设置 14 个索点,其中长跨方向 10 个索点,短边方向 4 个索点。桥梁段的下部结构在长跨采用平面桁架(见图 2)。

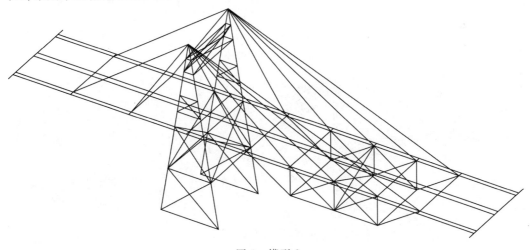

图 2　模型 2

③模型 3

索塔采用组合三角形对称设置,塔顶处设置拉索节点。模型竖向承重构件采用 H 形截面,将竖向承重构件与桥面边纵梁进行连接,梁下支撑采用尺寸为 2 mm×2 mm 的矩形截面。桥梁段参考赛题要求设置为两段式,分段距离为 600 mm、1000 mm。桥梁段的长边主梁截面采用 H 形截面,短边采用 T 形截面。桥梁段的上部结构采用斜拉索长边,对称设置 20 个索点,其中长跨方向 14 个索点,短跨方向 6 个索点。桥梁段的下部结构为变截面鱼腹形结构(见图3)。

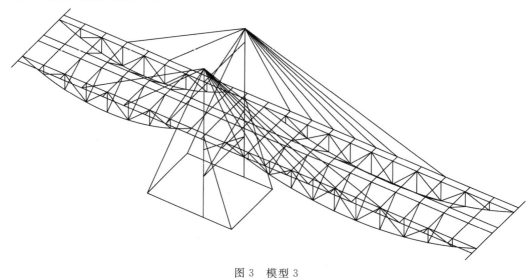

图3　模型3

表1中列出了3种不同模型的优缺点对比。

表1　3种模型的优缺点对比

模型	模型1	模型2	模型3
优点	主墩强度高,不易发生变形	主墩强度较高,不易发生变形	模型自重轻、桥面稳定
缺点	模型自重重,桥面易发生弯曲变形	模型自重较重,桥面易发生断裂	主墩容易弯曲变形

　　总结:综合比对以上3种模型,根据受力特点、整体稳定性、模型自重、模型加载模拟等,我们选择模型3为最终方案。最终确定的模型效果如图4所示。

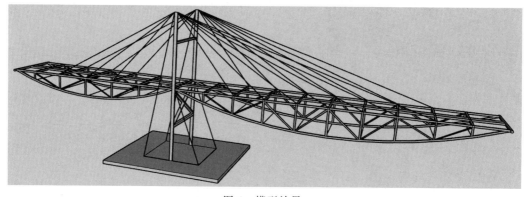

图4　模型效果

17.温州大学——修竹(本科组二等奖)

(1)参赛选手、指导老师及作品

参赛选手	
李世凡 吴书梦 程家怡	
指导老师	
秦　伟 林　亨	

(2)设计思想

本赛题为"不等跨双车道拉索桥结构设计与模型制作"。根据赛题要求,考虑到模型结构形式限定为拉索桥(即以拉索为主要承重构件的预应力桥梁结构体系),我们从结构形式、传力路径、模型加载、构件连接等几个方面对结构方案进行构思。

①结构形式

传统的拉索桥结构形式是主梁通过拉索与桥塔连接,利用塔的承压性能、拉索的受拉性能和主梁的抗弯性能来承受外加荷载。为了最大化利用棉蜡线和竹材抗拉性能高的特点,我们设计刚性上弦构件、柔性下弦拉索和中间撑杆形成张弦梁的混合结构体系,从而改善传统拉索桥结构形式的受力过程。

②传力路径

张弦梁结构是通过在下弦拉索中施加预应力使上弦压弯构件产生反拱,从而减小结构在荷载作用下的最终挠度。撑杆在受力过程中对上弦的压弯构件提供弹性支撑,进一步改善张弦梁结构的上弦在受荷时产生的结构变形,从而形成结构受荷传力的闭环,提高整体结构的受力性能。

③模型加载

考虑到桥梁结构的"颤振"是通过悬挂在主梁一侧的弹簧重锤自由下落来模拟的,整桥结构模型需要有足够的横向联系来抵抗偏载的扭转效应。同时,受板上障碍物的影响,2辆相向移动的小车在行驶过程中产生竖向振动荷载,对整桥结构的竖向刚度提出了较高的要求。为此,通过增加横梁的数量来提高主梁的联系,采用立体桁架来提高主塔的竖向承载能力。

④构件连接

为了充分利用竹材在顺纹理方向和棉蜡线在柔性方面的抗拉性能,根据构件的受力选择不同的材料。同时,设计棉蜡线—棉蜡线、棉蜡线—竹材、竹材—竹材等标准化材料连接方式,排除模型制作过程中的偶然因素,减少模型制作过程中的误差,提高连接节点的可复制性和可靠性。

(3)模型方案设计

在结构设计与模型制作的探索过程中,为了使较轻的结构承受较重的重量,我们结合自身专业知识和大量资料尝试了以下两种结构体系。

①模型 1

斜拉张弦梁桁架桥是我们加载成功的一个方案,该方案采用 2 根薄壁矩形梁续接工字梁作为桥面主梁,薄壁矩形断面能提高一侧偏载"颤振"时结构的侧向刚度,在结构短跨和几个重要的受力点采用竖向刚度较大的 T 形断面,在保证结构刚度的同时减轻结构自重。通过张弦梁增加整个桥面体系的横向联系,通过 3 条棉蜡线与立体桁架桥塔相连(见图 1)。

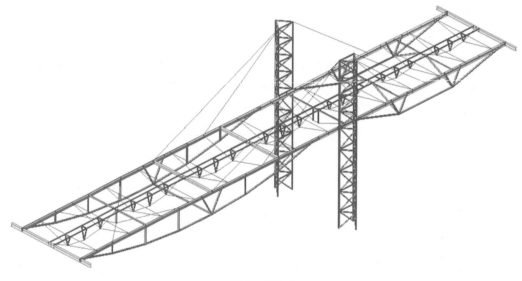

图 1　模型 1

②模型 2

鱼腹式张弦梁桁架桥是在成功加载结构方案上的改进方案,该方案继续沿用 2 根薄壁矩形梁续接工字梁作为桥面主梁,桥面横梁沿着主梁的间隔为 200 mm,通过改良主梁下弦拉梁的高度和竖向撑杆形式,提高主梁的侧向和竖向刚度。此外,该方案采用张弦梁作为桥面体系主要的支撑构件,再给下弦拉索施加一定的预应力,使得整体桥面微微起拱,以减少因竖向荷载和振动引起的主梁变形和桥塔的竖向高度,进而优化整体结构特性(见图 2)。

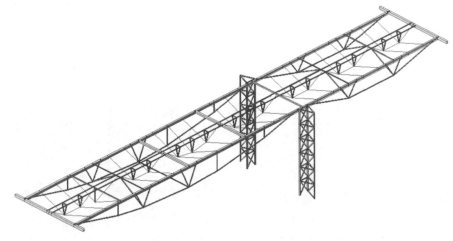

图 2 模型 2

相比而言,模型 1 的受力形式更加明确,结构加载的稳定性更高,但斜拉高塔占整桥的比重要比模型 2 大。模型 2 具有自重较轻的优势,但是需要事先张拉下弦,考验制作工艺,偶然性因素较大。表 1 中列出了两种模型的优缺点对比。

表 1 两种模型的优缺点对比

模型	模型 1	模型 2
优点	结构受力形式明确、传力路径简单、结构整体稳定性高	结构轻盈,桥面系受力更加合理,主梁的竖向刚度大、承载能力强
缺点	自重重	制作工艺复杂,预张力较难精准把控

总结:经综合对比,模型 2 的自重较轻,并且通过加强制作工艺,能够保证模型 2 的成功率,因此最终确定的模型效果如图 3 所示。

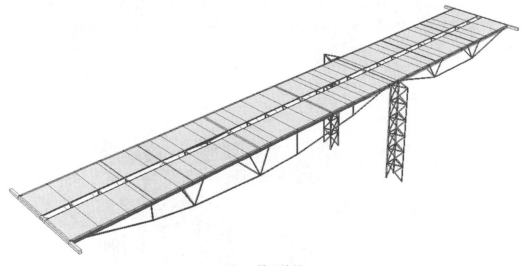

图 3 模型效果

18.浙江师范大学——三步两桥(本科组二等奖)

(1)参赛选手、指导老师及作品

参赛选手	
傅王涛 包建祥 刘雪燕	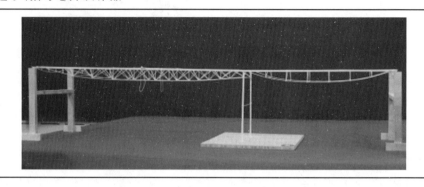
指导教师	
徐淑娟 陈志文	

(2)设计思想

本赛题要求以拉索桥为形式,并以拉索为主要承重构件。模型分为主跨和次跨两部分,专家指定模型横向一侧作为风荷载和小车荷载的偏载侧,一级加载模拟桥梁在风荷载作用下桥身所发生的"颤振"作用,二级加载模拟桥梁在风荷载与车辆移动荷载共同影响下结构的强度、刚度及稳定性。因此,我们从赛题要求、受荷状况、结构性能、材料特性、手工制作的可能性等方面对结构方案进行构思,并综合考虑模型在承受一定集中荷载与动荷载作用下其结构的受力与变形情况。我们重点对以下3种模型方案进行了比选。

(3)模型方案设计

①模型1

模型1为双车道式网架桥,次跨是由4根L形竹材拼合而成的双车道桥面,主跨则是由2根截面尺寸分别为1 mm×6 mm和2 mm×2 mm的竹条拼合而成,桥面的底端由锥形进行加固,并以拉索进行加固连接(见图1)。

图1　模型1

②模型 2

模型 2 为双车道张弦梁式桥梁,桥面由 4 根截面尺寸分别为 1 mm×6 mm 和 2 mm ×2 mm 的 L 形竹条拼合而成,并在底部以拉索连接(见图 2)。

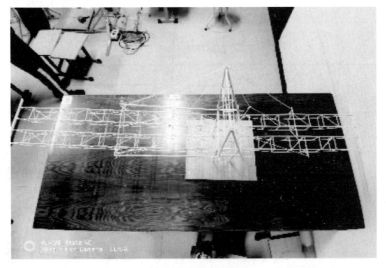

图 2　模型 2

③模型 3

模型 3 为张弦梁式网架桥,桥面由 6 根截面尺寸为 1 mm×6 mm 的集成竹材拼合而成,在底部以锥形加固,并以拉索连接(见图 3)。

图 3　模型 3

表 1 中列出了 3 种模型的优缺点对比。

表1　3种模型的优缺点对比

模型	模型1	模型2	模型3
优点	车道面的强度较高,桥身的自重较轻等	造型新颖、制作简单、车道面强度较高	桥身的稳定性较高、桥面强度较高
缺点	做工复杂,桥身的稳定性较差	桥身的稳定性较差、桥墩自重较重、模型的连接点较多	做工较为复杂,受材料性质的限制较大

表2中列出了3种模型的节点分析。

表2　节点分析

节点位置	说明	图例
桥面底部节点	将4根截面尺寸为2 mm×2 mm的杆件用砂纸打磨后连接在一起,并在缝隙处加上竹粉进行加固	
边墩连接处	将内边桥面与边跨连接后两端用2根截面尺寸为2 mm×2 mm的杆件进行连接,并加上少量竹粉进行加固	
柱脚节点	桥墩与底板的连接点,由2根截面尺寸为1 mm×6 mm的杆件在打磨后进行黏结,加上竹粉进行加固	

最终确定的模型效果如图4所示。

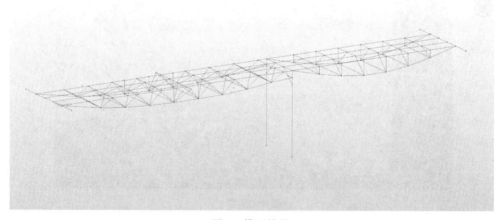

图4　模型效果

19.绍兴文理学院——桥布斯(本科组二等奖)

(1)参赛选手、指导老师及作品

参赛选手	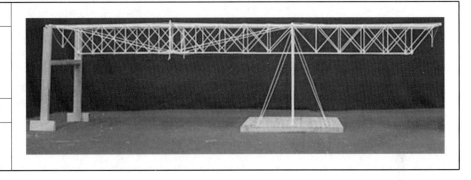
曹 晨 谭幸焱 吴汐晗	
指导老师	
梁超锋 李泽深	

(2)设计思想

本赛题为"不等跨双车道拉索桥结构设计与模型制作",我们从结构受力形式等方面对结构方案进行构思。

一级加载时,在长跨跨中的小车上放置4个砝码,右次跨小车上放置2个砝码,并将重锤和弹簧装置悬挂在偏载侧主跨跨中桥面上边缘的绳套上,剪断细绳,重锤自由下落。此时,桥面一侧受到循环的偏心冲击荷载作用,在集中力的作用下,桥面会产生一个很大的弯矩。因此,我们希望能够利用竞赛所规定的底面尺寸的上限,建立桁架体系以提高模型的抗扭转能力。

二级加载时,保持一级加载中的重锤和弹簧不动,在长跨跨中和短跨跨中放置2个障碍物,2辆小车分别移至2条车道的桥面板端部,并将配重重的小车放置在偏载侧,两车头相向行驶。当小车在行驶过程中经过障碍物时,会对桥面产生冲击荷载,这种情况对桥面刚度有一定的要求;同时,当小车行驶到跨中时,在小车和重锤的双重作用下会产生一个极大的弯矩,导致桥面扭转而发生失稳破坏。基于此,通过在桥面底部建立桁架体系和拉索可使模型底部有一个较好的抵抗弯矩变形的能力。因此,在设计时应予以考虑。

(3)模型方案设计

结合实际工程,我们初步确定以下两种结构形式:模型1为空间桁架结构,模型2为鱼腹式结构。表1中分列出了两种模型的优缺点对比。

表 1　两种模型的优缺点对比

模型	模型 1	模型 2
优点	模型整体自重轻;用材少、杆件简单制作较快;空间桁架结构充分利用竹材特性,通过斜拉保证足够的抗拉和抗倾覆能力;将斜拉的绳索换为竹条,将边墩横梁的力通过拉索传递至悬挂重锤处,再通过拉索传至门架,最后通过门架两边的拉索传至底板,受力明确、有效	鱼腹结构外形平顺、底面平滑光洁、线条流畅、景观效果好;鱼腹结构的闭合薄壁截面刚度大、整体受力性能好
缺点	杆件连接需严丝合缝,对制作工艺的要求较高;要求精确摆放小车	桥面间距较大,若要保证桥面刚度,则自重较重;由于竹材抗压性能不及其抗拉性能,压杆过多可能导致构件损坏;鱼腹梁中的腹杆长度不一,做工相对模型 1 较复杂;桥面与主塔靠绳索连接,很难充分发挥绳索拉力的作用

总结:综合对比两种模型的优缺点,并结合赛题要求、模型尺寸、加载能力、模型自重以及耗材和耗时等方面,我们选择模型 1 为最终方案,模型效果如图 1 所示。

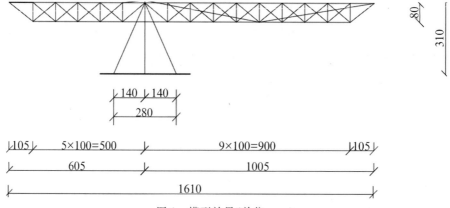

图 1　模型效果(单位:mm)

20.丽水学院——架南北（本科组二等奖）

（1）参赛选手、指导老师及作品

参赛选手	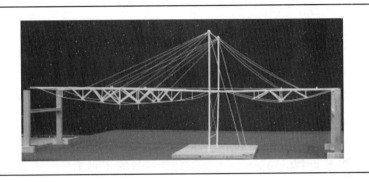
彭　沙 李常文 周新煜	
指导老师	
唐小翠 李　铭	

（2）设计思想

本赛题为"不等跨双车道拉索桥结构设计与模型制作"，我们从桥梁结构、荷载要求两个方面对结构方案进行构思。

从桥结构要求考虑，桥面宽度为 250 mm，由于桥面仅需放置 2 辆宽度为 100 mm 的小车，并且间距 20 mm，为了减少材料用量并提高稳定性，将主梁间距设置为 220 mm，桥面两端设有 2 根长 30 mm 的工字形横杆。为了将桥梁架在加载仪器上，满足桥面下部高度不能超过 100 mm 的要求，设置高 75 mm 的鱼腹式结构。由于长跨长度较长、稳定性差，在主墩靠短跨方向间隔 70 mm 处设置一根竹片，将主墩设置在距离桥面 950 mm 处，以达到减小长跨长度，进而提高长跨稳定性的要求。

从荷载要求考虑，为了使小车平稳通过桥面，将桥面每根横梁的间隔设置为 100 mm，并且在沿桥面方向设置 2 根竹条。由于小车宽 100 mm，为了让小车顺利通过桥面，把 2 根竹条设置在距离主梁 90 mm 处，使小车在行驶过程中，车轮刚好压在竹条和主梁上。由于存在偏心荷载且桥跨度太大，结合斜拉桥和桁架结构，在尽量用较少的材料的情况下，我们在长跨和短跨上设置了不同形式的鱼腹式结构。主墩和桥面之间用棉蜡线连接，为了能够成功加载，棉蜡线的倾斜程度至关重要，而棉蜡线的倾斜程度取决于主墩的高度。经过反复试验，我们最终将主墩的高度设置为 65 mm，这样不仅能够满足要求，而且还能尽量减少材料用量。

（3）模型方案设计

结构在承受竖向承载能力、弹力和移动荷载的情况下，要求桥面保持一定的刚度使小车顺利通过，因此结构要有一定的刚度和稳定性。

①模型 1

模型 1 的主墩支撑和桥面均使用由 4 根截面尺寸为 1 mm×6 mm 的竹条制作的正方形空心管，距中轴线 125 mm 的 2 根长方形空心管为主要承重梁，这 2 根长方形空心管和长 30 mm 的工字形横杆组成封闭轮廓。主跨桥面下部为鱼腹式,其跨间由 2 根截面尺寸为 1 mm×6 mm 的竹条交叉组合以承拉。为了提高其抗弯性,短跨桥面下部加了 1 根截面尺寸为 1 mm×6 mm 的竹条。为了提高桥面刚度,桥面横向和纵向均制作成 T 形梁,上部由截面尺寸分别为 1 mm×6 mm 和 1 mm×4 mm 的竹条制作,下部由截面尺寸为 1 mm×6 mm 的竹条制作。

②模型 2

模型 2 的主墩支撑和桥面均使用由 4 根截面尺寸为 1 mm×6 mm 的竹条制作的长方形空心管,距中轴线 115 mm 的 2 根长方形空心管为主要承重梁,其由棉蜡线和长 30 mm 的工字形横杆组成封闭轮廓,主跨桥面下部为鱼腹式,其跨间是 2 根截面尺寸为 1 mm× 6 mm 的竹条组成的倒 V 形结构,短跨也为简易鱼腹式。为了节省材料,桥面纵向为 2 根截面尺寸为 3 mm×3 mm 的竹条,既能减轻重量也能节约时间,且制作方便简单。横向为 2 两根截面尺寸为 1 mm×6 mm 的竹条制作的 T 形横杆。

总结:经综合对比,模型 2 在结构受力和模型自重等方面都比模型 1 更加理想,最终确定的模型效果如图 1 所示。

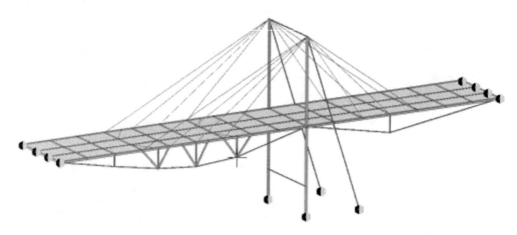

图 1 模型效果

21. 浙江理工大学——云龙行空(本科组二等奖)

(1)参赛选手、指导老师及作品

参赛选手	
胡景琪 杨 乐 吴金晟	
指导老师	
指导组	

(2)设计思想

张弦梁结构是由拱梁、撑杆和弦拉索组合而成的新型杂交结构,具有刚柔相济、受力合理的优点。张弦梁结构充分发挥了拱的结构受力优势和弦(索)的高强抗拉特性,因此可以跨越更大的空间。通过张拉弦拉索,可以使结构形成整体,共同工作并使拱产生与使用荷载相反的位移,从而部分抵消外荷载作用;撑杆对于拱起弹性支撑作用,可以减小拱的弯矩;弦拉索抵消外荷载对拱产生的推力,使整体结构形成自平衡体系。在结构受力前对拉索施加一定的预拉力,则撑杆将为拱梁提供更大的向上支撑力,弦拉索也将在更大程度上限制滑动支座的水平位移,有效增大结构刚度,减小拱梁弯矩,从而进一步改善结构的受力性能(见图1)。

图 1 张弦梁结构模型

综合张弦梁和桁架结构的特点,我们最终确定以张弦梁为主要受力构件,再结合桁架结构提升桥体刚度。桥梁长跨为由 2 根截面尺寸为 1 mm×6 mm 的竹条组合而成的角钢型梁;在下弦方面,考虑到绳子具有弹性,受拉过大会产生形变导致桥面挠度过大,因此采用具有一定柔韧性且抗拉强度较高的截面尺寸为 1 mm×6 mm 的竹条;中间腹杆部分采用截面尺寸分别为 2 mm×2 mm 和 1 mm×6 mm 的竹条黏合成 T 形构件,在保证刚度的同时也便于上下弦杆连接的稳定性。

(3)模型方案设计

为了保证模型的可靠性,我们对一些细处和各个节点进行了不同的处理。在下弦杆和腹杆连接处采用垫片并在其内侧贴 1 根截面尺寸为 2 mm×2 mm 的细杆,确保下弦和腹杆的接触面积足够大,并在最后加上适量的竹粉,使节点更为坚固。

在腹杆与上弦杆的连接处立一小块竹皮,一方面在黏结腹杆时有利于腹杆的竖直,确保下弦杆不会发生偏移,以减少侧翻的可能性;另一方面,在此处施加竹粉能够更好地使腹杆和上弦杆的连接更加稳定。腹杆之间约束短杆。为了其连接的稳定性,首先我们会将两端打磨成与连接点契合的斜劈状,以此来增大连接点的接触面积,其次使用竹粉加固,确保节点处的连接牢固。

我们在加载时发现,由于下弦杆所受的拉力较大,下弦杆与上弦杆连接处极易脱落。因此,在这个节点我们进行了重点防护。首先将下弦杆打磨成斜劈状来增大接触面积,其次在其旁做一个斜劈卡扣,最后在上面用竹粉加固,以保证此处节点的安全。

主墩与桥面的连接采用两边贴片的方式,增大了墩与桥面的接触面,以减少胶水强度不够导致脱胶的可能性。

对于主墩与底板的连接,我们采用截面尺寸为 $2mm \times 2mm$ 的竹条包围四边的方式,增大主墩与底板的接触面积,以确保主墩不会脱胶。

主梁与边墩横梁的连接采用榫卯结构,将主梁卡入横梁,最大限度增大主梁与边墩横梁的接触面积。

模型拼接效果图如图 2 所示。

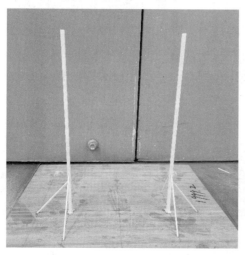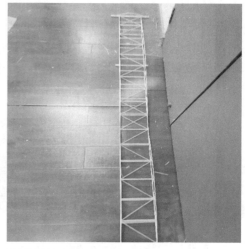

图 2　模型拼接效果

22. 浙大宁波理工学院——二十四桥明月夜 (本科组二等奖)

(1) 参赛选手、指导老师及作品

参赛选手	
钟　滨 潘芸珂 赖金萍	
指导老师	
王恒宇 刘　玮	

(2) 设计思想

本赛题为"不等跨双车道拉索桥结构设计与模型制作",我们从桥梁长短跨桥面的受力情况以及桥墩所起的作用等方面对结构方案进行构思。

首先根据模型所受荷载的特点确定模型尺寸和结构体系,其次利用有限元分析软件对模型整体结构进行受力和变形验算。

(3) 模型方案设计

根据以上设计思路,结合赛题要求,我们选择了 3 种模型方案进行试做,并对比分析(见图 1~图 3)。

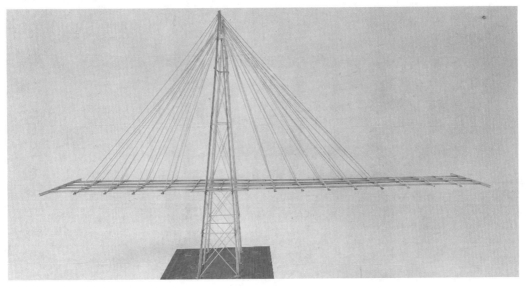

图 1　模型 1

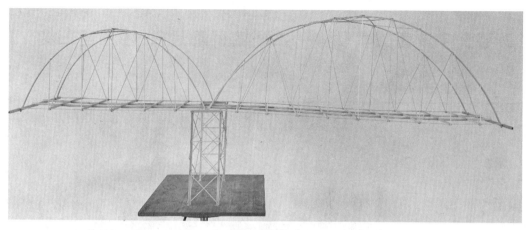

图 2　模型 2

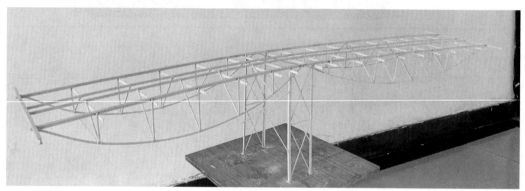

图 3　模型 3

①模型 1

斜拉桥:结构简单,桥面受力以桥塔与桥面的拉索为主。

②模型 2

拱桥:两侧桥面以拱结构为主,竖杆提供拉力。

③模型 3

张弦式梁桥:短跨与长跨都采用张弦式桥梁,同时在模型中用竹材施加预应力,以竹材拉索为主要承重构件。

表 1 中列出了 3 种模型的优缺点对比。

表 1　3 种模型的优缺点对比

模型	模型 1	模型 2	模型 3
优点	结构简洁、抗扭转能力强	结构传力路径清晰、受力体系合理	使用施加预应力的鱼腹式结构,结构轻、承载能力强
缺点	结构制作工艺复杂,结构较重	拱结构受力较大、容易破坏、结构较重	预应力张弦式结构制作工艺复杂

总结:经综合对比,模型 3 使用施加预应力的鱼腹式结构,结构简洁、承载能力强,在移动荷载作用下,能够保持良好的桥面刚度;通过对桥墩的优化,可以有效减轻自重。因

此,我们选择模型 3 为最终方案,模型效果如图 4 所示。

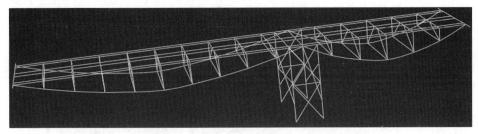

图 4　模型效果

23. 宁波工程学院——启航桥(本科组二等奖)

(1)参赛选手、指导老师及作品

参赛选手	
娄中凯 朱云川 陈欣雨	
指导老师	
朋　茜 孙　筠	

(2)设计思想

根据赛题要求,我们尝试了多种桥梁结构形式,力图最大限度利用拉索结构,尽可能减轻材料自重,同时兼顾材料强度,以获得桥梁刚度和稳定性的最优解。我们的制作思路如下:①选择合理的桥梁结构形式,以满足结构静、动荷载的要求;②充分利用拉索结构,提升桥梁结构的承载能力,以减轻桥梁的结构变形;③结合荷载加载方式,有针对性地对桥梁结构局部进行加强或削弱,优化结构重量;④尽可能提高制作水平,避免桥梁结构自身缺陷。

(3)模型方案设计

模型结构限定为拉索桥,对比传统的梁式桥,模型应尽可能利用拉索产生的拉力,以减小桥梁在荷载作用下产生的挠曲变形。参考现有的桥梁结构形式,我们将桥型初步拟定为斜拉桥、悬索桥、张弦鱼腹梁桥、拱桥4种形式。考虑到悬索桥结构自身刚度不足,在荷载作用下容易产生较大变形。因此,首先将悬索桥方案排除。我们制作了以下3种模型方案,并验证不同模型方案的结构性能。

①模型1(斜拉桥,见图1)

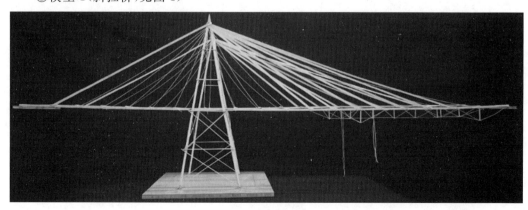

图1　模型1

②模型2（张弦鱼腹梁桥，见图2）

图2　模型2

③模型3（拱桥，见图3）

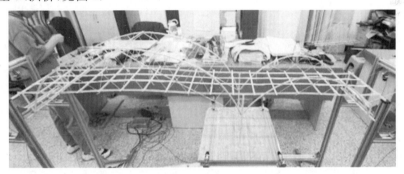

图3　模型3

　　总结：考虑赛题的尺寸要求、实际加载能力、实物模型自重、制作耗材和耗时等多方面因素，我们选择模型2为最终方案（见图4）。

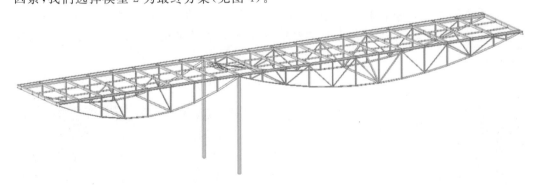

图4　模型2三维轴测

24.宁波大学科学技术学院——诗酒趁年华(本科组二等奖)

(1)参赛选手、指导老师及作品

参赛选手	
张　胜 王　博 徐江涛	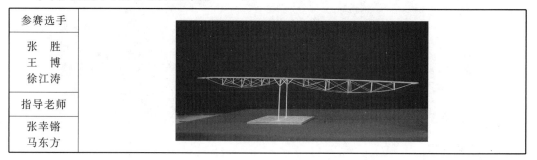
指导老师	
张幸锵 马东方	

(2)设计思想

本赛题为"不等跨双车道拉索桥结构设计与模型制作",我们从不等跨拉索桥的结构体系、竖向振动加载处的结构设计、刚度增加措施、材料节省等方面进行构思。

根据赛题要求,本次竞赛的模型结构形式限定为拉索桥(即以拉索为主要承重构件的预应力桥梁结构体系)。加载分为两个阶段:第一阶段为在竖向振动工况下的偏载以及第二阶段的行车荷载,第一阶段加载需考虑桥梁结构的抗倾覆以及在竖向振动下桥梁的安全;第二阶段则需考虑桥梁的刚度,在行车中不至于产生较大的挠度。

基于上述不同阶段的受力特征及赛题要求,桁架桥梁中的部分受拉杆件采用预应力拉索,使其整体刚度得到了一定的提升。对其他梁、柱及压杆根据竞赛组委会提供的材料进行打磨、加工制成 T 形截面或矩形截面,并对行车道的整体刚度进行加强。

为了使结构所能承受的荷重比尽可能大,我们在设计结构方案时,始终将节省材料作为重要考量。同时,在满足加载条件的前提下,尽可能减小截面尺寸,并通过适当打磨尽可能减轻结构自重。

(3)模型方案设计

通过不断试验和改进,模型方案结构逐渐趋于合理,下面就两种模型方案进行对比。

①模型 1

模型 1 为预应力斜拉桥结构形式。主塔高 700 mm,主塔与桥面采用预应力拉索连接。为了防止倾覆及挠度过大,在长跨下部使用桁架杆加拉索的形式进行局部加强,以提高桥梁的整体稳定性和结构刚度,使小车顺利通过长跨桥面。然而,此种结构的制作过程过于复杂,预应力施加难以控制,并且自重较重(将近 180 g),制作耗时太长(见图 1)。

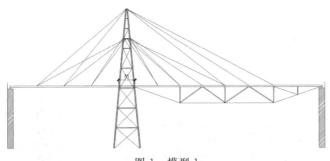

图 1　模型 1

②模型 2

模型 2 为不等跨桁架桥,采用预应力拉索代替桁架结构中的部分拉杆,并且在振动加载横截面处加强结构。此外,为了增加桥梁的整体刚度,在桥面使用棉线将桥面横梁连接起来,以增加桥面的整体刚度,经过多次加载后能达到预期效果。从受力角度来讲,模型 2 可以充分发挥材料的强度。通过对上下弦杆和腹杆的合理布置,可以适应结构内部的弯矩和剪力分布;由于水平方向的拉、压内力实现了自身平衡,整个结构不对支座产生水平推力。

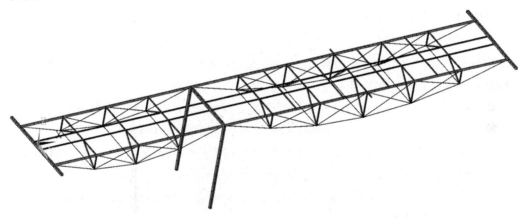

图 2　模型 2

表 1 中列出了两种模型的优缺点对比。

表 1　两种模型的优缺点对比

模型	模型 1	模型 2
优点	整体稳定性较好,受到车道冲击载荷时挠度也较小,结构美观	制作简单、受力合力、刚柔并济
缺点	制作复杂、自重较重	外观不及模型 1,抗倾覆能力略低

总结:经综合对比,模型 2 的受力更加合理、结构可靠性好、自重相对较轻,且易于制作安装,最终确定的模型效果如图 2 所示。

25. 宁波大学——阿尔法桥（本科组二等奖）

（1）参赛选手、指导老师及作品

参赛选手	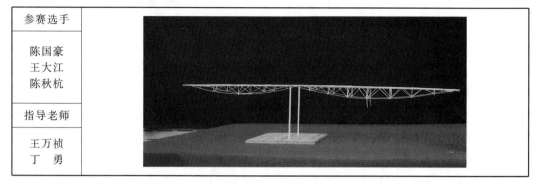
陈国豪 王大江 陈秋杭	
指导老师	
王万祯 丁　勇	

（2）设计思想

本赛题为"不等跨双车道拉索桥结构设计与模型制作"。根据赛题要求，一级加载由专家指定偏载侧。不等跨桥梁结构需要考虑主跨与次跨的强度分配，相较于次跨，主跨的制造难度更大、更具挑战性。

模型需承受一级加载中的重锤冲击载荷和小车静载，二级加载中的小车移动载荷和砝码静载。在确保模型有足够承载能力的前提下，尽量减轻模型自重。模型应有足够的刚度，避免桥面产生较大形变，确保小车顺利通过。因此，需要充分了解各种桥梁结构体系的受力特征，通过理论计算、数值模拟和试验加载，优化桥梁结构模型。

参考现实中的桥梁结构，我们充分利用竹材抗拉强度高、抗压强度低的特点，经过对不同模型结构受力的对比分析，最终选择鱼腹式桁架桥梁结构。

根据赛题要求，我们主要从模型承载能力、刚度、稳定性、经济性和造型美观等5个方面对模型方案进行构思。

（3）模型方案设计

通过查阅相关文献资料，我们了解到现有拉索桥的形式主要有悬索桥、斜拉桥、鱼腹桥等。经过对比分析，我们最终选择鱼腹桥代替悬索桥和斜拉桥作为桥梁的主要形式。下面详细分析3种桥梁形式的优缺点。

①模型1

斜拉桥的上部由主梁、拉索和索塔三部分组成，桥面以主梁受弯为承载体系，支撑体系由受拉的拉索和受压的索塔组成。

在制作与加载过程中我们发现，斜拉桥不需要笨重的锚固装置，通过调整拉索拉力即可调整主梁弯矩，使主梁弯矩分布更均匀、合理。但桥梁载荷通过拉索的竖向拉力分量传递至索塔上，存在结构传力不直接、不简洁，斜拉索受力不均匀，桥面翘曲严重，制作细节与步骤烦琐等问题。载重主要集中在索塔上，相较于等质量悬索桥，斜拉桥桥面强度明显逊色。因此,我们将斜拉桥模型改为悬索桥模型。

②模型 2

悬索桥通过受拉的索缆或吊杆和受弯的曲线拱将桥面上的载荷传递至桥两端的锚固点上或地面上。在悬索桥模型制作和加载过程中我们发现,悬索桥解决了斜拉桥中斜拉索受力不均匀的问题,但悬索桥模型的承载能力取决于受弯的曲线拱结构。由于竹材的抗压强度较低,悬索桥模型的承载能力提升遇到瓶颈。因此,我们将悬索桥改为鱼腹桥模型。

③模型 3

鱼腹式桁架桥为格构式桁架结构,杆件多为一维拉杆、压杆,可以充分发挥材料的潜力,最大限度利用竹材抗拉强度大的特点,将受拉杆件设计得比较细长。通过该结构可以控制受压杆件的长细比,确保其稳定承载能力不超限。

模型 3 的杆件传力路径简洁、结构受力合理、构造简单、制作便利,造型具有对称美、简洁美等美学特征。

模型 3 的效果和实物照片如图 1 所示。

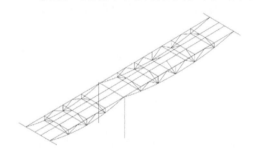 

图 1　模型效果及实物照片

— 87 —

26.浙江农林大学——天龙人(本科组二等奖)

(1)参赛选手、指导老师及作品

参赛选手	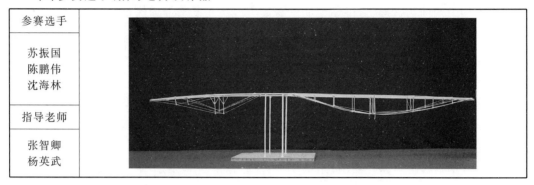
苏振国 陈鹏伟 沈海林	
指导老师	
张智卿 杨英武	

(2)设计思想

本赛题模拟以拉索为主要承重构件的预应力桥梁结构体系,既要考虑桥面结构自身的竖向承载能力和桥面变形后车辆自由移动的可靠性,又要考虑侧面悬挂荷载引起的振动问题。根据赛题要求,我们选择以拉索为主要受力构件的结构体系,设计思路如下。

①桥梁结构尺寸与造型

在竞赛规定范围内进行初步设计并优化参赛模型,在尺寸选择上尽可能用足赛题提供的边界,最大限度提高结构的空间刚度。在桥梁美学的设计上,考虑到桥梁是非常重要的结构,我们的设计思路是在满足结构承载能力的前提下,尽可能提供美学上的体验,设计出优美的桥梁结构。

②荷载分析

在一级固定位置荷载作用下,模型加载面以上部分主要为跨中受力,以及悬挂砝码引起的桥面结构的振动,主塔的柱子受到的偏心竖向力及其引起的弯矩是主要荷载。因此,主塔靠近长跨的柱子为主受力杆件,采用抗弯刚度强的空心柱形式;靠近短跨部分受力相对较小,采用工字钢形式。在二级移动荷载作用下,小车在桥面上通行,桥面各个部分在不同时间受到集中力、剪力和弯矩作用,考验各个部分的受力性能。因此,桥面下部结构需要有足够的抗弯刚度以保证各个位置在受荷时均能控制合理的竖向变形。

(3)模型方案设计

结合荷载和材料性能分析,我们对比了不同结构体系的特点。

①模型1

桁架拱桥是指中间用实腹段,两侧用拱形桁架片构成的拱桥。桁架拱片之间用桥面系与横向联结系连接成整体。桁架拱桥由拱和桁架两种结构体系组合而成,兼有桁架和拱的受力特点。桁架部分各杆件主要承受轴向力,具有普通桁架的受力特点。尽管桁架拱吊杆起到了拉索的作用并满足赛题要求,对风荷载引起的振动有着优异的抵抗性能,采用竹制钢管与桁架组合的形式具有较强的整体性,但是该模型的自重超过 400 g,过多的节点增加了制作难度。

②模型 2

斜拉桥是将主梁用许多拉索直接拉在桥塔上的一种桥梁,其是由承压的塔、受拉的索和承弯的梁体组合而成的一种结构体系。斜拉桥可减小梁体内的弯矩,降低结构高度,减轻结构自重,节省材料。尽管斜拉桥在工程中有着优异的性能,但棉蜡线制成的斜拉索难以控制变形,索与梁或塔的连接制作难度大。

③模型 3

张弦梁结构是由日本斋腾—(M. Saitoh)教授提出的一种区别于传统结构的新型杂交屋盖体系。张弦梁结构的受力机理是通过在下弦拉索中施加预应力使上弦压弯构件产生反挠度,使其在荷载作用下的最终挠度得以减少,而撑杆对上弦的压弯构件提供弹性支撑,改善结构的受力性能。采用该结构体系制作的桥面自重轻,且制作难度小。

总结:综合对比以上 3 种模型,在美学上张弦梁桥面具有一定的优势,也符合现代人们的审美要求,虽然抗风性能和控制变形方面逊色于桁架拱结构,但是其自重轻的特点非常契合赛题要求。最终确定的模型效果如图 1 所示。

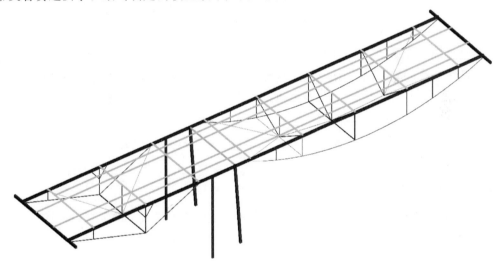

图 1　模型效果

27.温州大学——御万钧(本科组二等奖)

(1)参赛选手、指导老师及作品

参赛选手	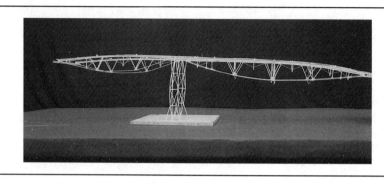
赵前辉 应伟杰 孙少敏	
指导老师	
秦　伟 叶　鹏	

(2)设计思想

本赛题为"不等跨双车道拉索桥结构设计与模型制作",是以拉索为主要承重构件的预应力桥梁结构,并模拟不等跨桥梁跨中静止偏载和风荷载"颤振"加载,以及不等重移动车辆作用和风荷载"颤振"加载,分析评估不同工况下桥梁结构的安全性能。

通过仔细分析赛题,我们从以下几点对结构方案进行构思。

在两级加载过程中,移动小车经过具有坡度的障碍物时,跳车现象会对整个桥梁结构产生较大的冲击力,同时桥面还承受模拟风荷载产生的"颤振"作用,因此对承压的主塔采用抗压能力较大的鱼腹式立体桁架柱。

通过横撑减小立柱的长细比,鱼腹式结构可以提升跨中位置处的杆件联系和整个柱子的抗弯刚度。

(3)模型方案设计

在结构设计与模型制作的过程中,为了使较轻的结构承受较重的重量,我们综合了方案构思,遵循了平、立面均匀、对称的原则,使传力路径明确、受力合理。我们尝试了各种结构体系,设计了以下两种模型方案。

①模型1

张弦梁鱼腹式斜拉桥是我们加载成功的最稳定的结构形式。模型1在2根纵向主梁(工字形)下方设有拉梁,通过V形撑杆与主梁连接,形成空间三角桁架,保证桥面体系的完整性,以更好地承受外部荷载。同时,沿纵向主梁方向,每间隔100 mm布设横梁,横梁下面通过张弦梁施加预张力,以改善结构的竖向受力状态。鱼腹式桥塔在减轻自重的同时,具有良好的承压属性。主塔和桥面系通过棉蜡线和桥塔横撑连接固定(见图1)。

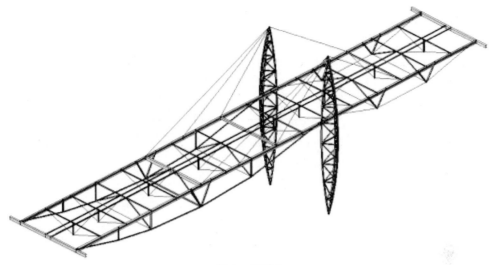

图1 模型1

②模型2

张弦梁鱼腹式桁架桥是我们在模型1基础上优化的结果。通过改善张弦梁撑杆中部杆件的连接方式,对传力路径中的突变位置进行了加强,从而提升了结构的稳定性。调整主梁的方向,增加桥梁整体结构的侧向刚度,并在主梁下方布置拉梁和张弦梁,以提高桥面系的整体性。此外,主动降低鱼腹式桥塔的高度,并增加立杆以提高梁柱间连接的稳定性,在减轻结构自重的同时,提高杆件利用率。但模型2在制作过程中,对张弦梁预应力的施加工艺要求高,对我们的手工制作提出较大的挑战(见图2)。

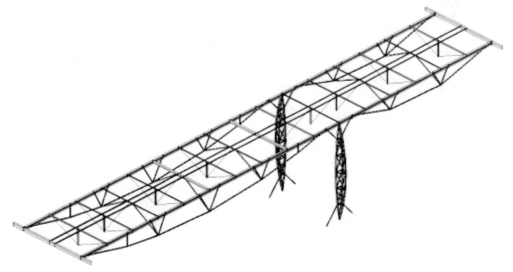

图2 模型2

相比而言,模型1的结构形式相对成熟,结构加载的稳定性更高,但斜拉高塔占整桥的比重比模型2的大,杆件利用率低。模型2具有自重轻的优势,但是模型制作工艺相对复杂,偶然性因素较大。表1中列出了两种模型的优缺点对比。

表 1　两种模型的优缺点对比

模型	模型 1	模型 2
优点	结构刚度大、加载稳定性高、结构传力路径清晰	自重轻、刚度大、承载能力强、杆件利用率高、结构整体性高
缺点	自重重、杆件利用率低	主梁预张力对制作工艺要求高

　　总结:经综合对比,模型 2 的自重较轻,并且通过优化制作工艺,可以保证其有较高的成功率,因此最终选择模型 2 作为参赛作品。

28.浙江农林大学暨阳学院——大葱队(本科组二等奖)

(1)参赛选手、指导老师及作品

参赛选手	
杨大嵩 沈　钰 汪　斌	
指导老师	
杨　锦 吴新燕	

(2)设计思想

根据赛题和拉索桥的结构特点、模型总高、弹簧砝码的振动荷载和加载小车行车路径的要求,我们从结构设计、模型制作、加载策略等方面对结构方案进行构思。经过计算和多次试验,并对比上承式斜拉索结构和下承桁架式拉索结构,最终选择具有较好稳定性,并能满足结构承载能力要求的下承式结构方案。

(3)模型方案设计

不等跨双车道拉索桥结构墩基础(竖向立柱)是主要压弯构件,梁为受弯构件,在方案设计之初,我们采用了整体中间1根柱、周边拉杆的模型,但结构形式复杂,对手工要求过高,模型成功与否具有较高的不稳定性。经过计算分析、讨论和试验,选用了由竖直4根柱组成的截面尺寸为150 mm×150 mm的框架—支撑结构,箱形截面柱为水平受弯构件(见图1)。通过计算和试验,我们发现此类结构受力明确,整体强度、刚度、稳定性都较好,制作简便,能很好地满足一、二级加载要求。

上部结构:通过在长方形小柱的弱面加设不平行于三角形底边的支撑来增加横担弱面的抗弯能力,在横担的下部加设小拉片来平衡两侧不均匀的力。

下部结构:经过计算和试验,我们发现结构的受力较大,且薄弱部位基本都是受压杆件,我们用2根拉杆代替了斜撑,保证了结构整体的强度和稳定性。

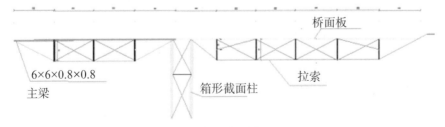

图1　方案设计(单位:mm)

在设计方案定好后,我们齐心协力、团结一致,不断提高制作水平,在结构的连接、构造、细部节点等方面精心处理,努力制作一座稳定的,具有较强承载能力的下拉悬索桥模型,最终确定的模型实物如图2所示。

图 2 模型实物

29. 浙江广厦建设职业技术大学——致远桥(本科组二等奖)

(1) 参赛选手、指导老师及作品

参赛选手	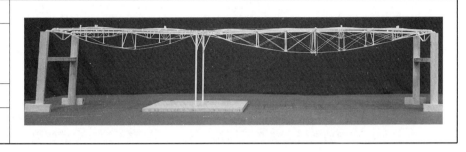
张皓文 鲁涵哲 黄晨浩	
指导老师	
屈红娟 张　涛	

(2) 设计思想

一级加载主要考查桥梁模型抵抗颤振破坏的能力。桥梁颤振是指在风荷载作用下,桥梁系统从流动的空气中不断吸收能量导致振幅迅速增大,进而引发的发散性自激振动,这会导致桥梁结构破坏。因此,桥梁颤振破坏是桥梁设计中必须避免的一种破坏形式。桥梁颤振通常在桥梁体系中以弯扭耦合的形式出现,有研究表明提高结构的抗扭刚度可以减小桥梁发生颤振的概率。因此,在设计模型时需要综合考虑桥梁的抗弯刚度和抗扭刚度。二级加载主要考查桥梁模型能否使不对称载重小车顺利通过桥面的能力,同时桥面上设置了障碍物使小车在行驶中产生竖向振动荷载,这对桥梁的抗弯刚度提出了要求。基于以上分析,我们从材料特性、桥梁体系、模型制作难度等方面对结构方案进行构思。

双主梁均采用张弦梁结构。张弦梁是一种由上弦的刚性构件、高强度的张拉索和若干个撑杆组成的刚柔混合结构,可充分发挥材料的力学性能。

采用双主塔结构。主塔底部与底板固结,主塔和主梁进行刚性连接,以提高桥梁结构的整体刚度。

(3) 模型方案设计

基于对赛题的分析以及模型方案的构思,综合材料特性、桥梁体系、模型制作难度等方面的考虑,我们设计了以下3种模型结构。

①模型1

模型1为双塔不对称斜拉桥。主塔顺桥向采用A形塔,塔高650 mm。考虑到桥跨布置的不对称,位于主跨侧的主塔截面是由4根截面尺寸为6 mm×1 mm的竹条组装而成的正方形截面;位于次跨侧的主塔截面是由3根截面尺寸为6 mm×1 mm的竹条组装而成的工字形截面。A形塔的特点是顺桥向刚度大,有利于承受索塔两侧的不平衡拉力,减小塔顶的纵向位移和主梁的挠度。主跨主梁采用由4根截面尺寸为6 mm×1 mm的竹条组装而成的矩形截面,次跨主梁采用由3根截面尺寸为6 mm×1 mm的竹条组装而成的工字形截面。主跨和次跨的主梁均采用柔性拉索和竖向撑杆进行加劲。

②模型 2

模型 2 为双塔不对称斜拉桥,是模型 1 的改进版本。主塔顺桥向采用单柱形,塔高 650 mm,主塔截面是由 4 根截面尺寸为 6 mm×1 mm 的竹杆件组装而成的正方形截面。相比于模型 1 的 A 形塔,单柱形塔构造简单、制作简便,且用料更省。但单柱形塔的顺桥向刚度较弱、塔顶位移大。为了解决这个问题,我们在主塔的塔顶和塔中分别设置拉索以连接主塔和底板。试验结果表明这一构造能显著提高主塔的顺桥刚度,同时节省材料。模型 2 的主梁、横梁、加劲的小纵梁以及张弦梁的构造设置与模型 1 相同。模型制作时注意加强节点位置,避免结构发生局部破坏。

③模型 3

赛题对"拉索桥"模型界定的核心是"以拉索为主要承重构件的预应力桥梁结构体系",因此桥梁模型中的索塔为非必要结构。模型 3 探索了没有索塔的设计,以张弦梁的柔性拉索满足赛题要求。模型 3 为不等跨双悬臂梁桥,取消了索塔的设计,仅设置桥墩,通过细部处理将主墩和主梁刚性连接。主墩截面是由 4 根截面尺寸为 6 mm×1 mm 的竹杆件组装而成的正方形截面。主梁、横梁、加劲的小纵梁以及张弦梁的构造设置与模型 1、模型 2 相同。在主墩和主梁的连接位置处设置了横梁以加强横向联系,同时为了避免在此处发生局部破坏,采用厚度为 0.5 mm 的竹皮将主墩与主梁包裹在一起。模型制作时注意加强节点位置,避免结构发生局部破坏。

总结:模型 1 和模型 2 均为不对称斜拉桥结构体系,模型 1 采用 A 形索塔,模型 2 采用柱形索塔;模型 2 的柱形索塔构造简单、制作简便、自重较轻,顺桥向刚度通过与底板相连的斜拉索加劲后能满足赛题要求;由于斜拉桥体系属于高次超静定体系,几何非线性效应显著,理论计算难度高于模型 3,理论计算结果和实际模型的误差也大于模型 3;斜拉索张拉过程中存在互相干涉效应,即后张拉的斜拉索会引起先张拉的斜拉索的索力发生改变,斜拉索的索力难以精准控制,因此模型 1 和模型 2 的控制难度高于模型 3;同时,模型 1 和模型 2 的桥塔高度较高,桥塔属于压弯构件,主塔发生失稳破坏的可能性较大;相比于模型 1 和模型 2,模型 3 取消了桥面以上的索塔部分,该设计的优势在于:降低了主塔的高度,减轻了模型自重;主塔发生失稳的概率大幅减小;模型 3 的结构形式比模型 1 和模型 2 都简单,理论计算容易,理论计算结果和实际模型的误差相对较小;模型 3 中采用的张弦梁结构刚柔并济,可以充分发挥材料性能。

综上所述,最终确定的模型效果如图 1 所示。

图 1　模型效果

30. 嘉兴职业技术学院——绕云溪桥(高职高专组二等奖)

(1)参赛选手、指导老师及作品

参赛选手	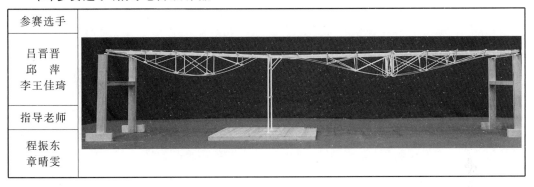
吕晋晋 邱 萍 李王佳琦	
指导老师	
程振东 章晴雯	

(2)设计思想

本赛题为"不等跨双车道拉索桥结构设计与模型制作",赛题限定为拉索桥,具体索塔形式和拉索布置方式不限。模型制作前期主要对结构形式进行研究。在满足桥长、桥跨和规避区等条件的基础之上,需要构思出不同形式的模型结构,并对这些结构进行加载试验。

立柱的最少落地根数是前期方案思考的方向。根据赛题要求的荷载加载形式,需要满足桥梁荷载,因此至少有2个落地点。在满足净空要求、规避区域等条件的基础之上,需要构思出不同形式的柱模型结构,并对这些结构进行加载试验。

桥梁形式选择是模型制作的重要研究内容。当桥梁构件极度简化时,在加载过程中,桥梁容易坍塌。因此,还需对桥梁的多种形式进行试验,选出最优桥梁形式。桥梁结构可选择斜拉桥、无索塔的悬索桥和张弦梁结构桥梁,通过一系列试验和定量分析,确定张弦梁结构桥梁的性价比最高。

抗扭结构优化研究。在同时存在小车移动荷载与风荷载的情况下,桥梁会发生扭曲。可采取竹拉条提供侧向力、两点侧拉桥梁立柱、增加桥面刚度等措施来减少桥梁的整体扭曲。

(3)模型方案设计

基于以上分析,我们设计了两种模型结构(见图1、图2)。

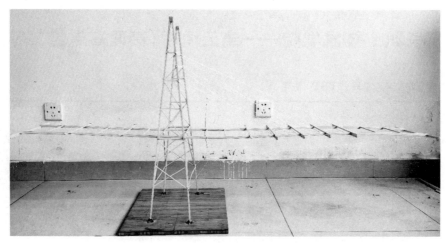

图 1   模型 1

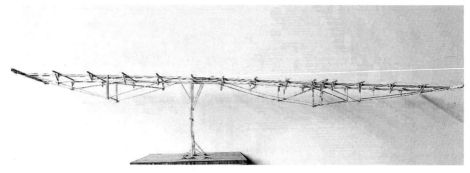

图 2   模型 2

表 1 中列出了两种模型的优缺点对比。

表 1   两种模型的优缺点对比

模型	模型 1	模型 2
优点	结构刚度大	模型整体性高、自重较轻
缺点	自重较重	桥梁预应力对手工工艺要求高

总结:经综合对比,模型 2 的承载能力、变形以及自重相较于模型 1 更加优秀,因此我们选择模型 2 为最终方案。

31. 台州科技职业学院——二仙桥（高职高专组二等奖）

(1)参赛选手、指导老师及作品

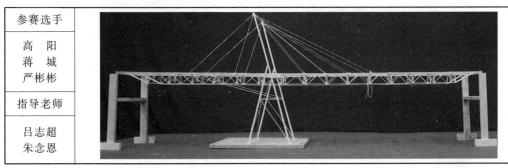

参赛选手	
高　阳 蒋　城 严彬彬	
指导老师	
吕志超 朱念恩	

(2)设计思想

根据赛题给定的条件以及考查重点,在方案设计时,我们重点从以下 4 个方面进行构思。

①拉索桥的整体模型

斜拉桥是大跨度桥梁的最主要桥型,也是本次竞赛重点考查的桥梁形式。考虑到竞赛材料与工程材料特性的区别,我们有针对性地进行改进,有效发挥了材料特性,减轻了结构自重,简化了传力路径。

②危险位置以及变形模式

两级载荷危险位置均为主跨跨中,不仅需要承受砝码的重力,还要承受弹簧的重锤载荷,其变形模式主要为主跨的横向弯曲、纵向弯曲、索塔的失稳。除此之外,还需要对两级加载两车交汇处进行强度校核。

③材料性能以及使用方式

经过试验,棉蜡线的优点是抗拉能力强,缺点是容易松弛,因此应在使用前进行预拉以减少棉蜡线松弛带来的桥面大变形;竹皮自重轻、加工简单,在顺纹受拉时能充分发挥材料性能;竹条既可受拉又可承压,可用于受力形式复杂的位置。

④结构形式以及截面形状

根据各个位置的变形形式设计结构和截面,在以变形为主的位置,使用拉索和桁架以抑制变形;在以弯曲为主的位置,采用工字梁或 T 形梁,以合理利用材料;在以受拉为主的位置,采用竹皮或细竹条承载;在以受压为主的位置,采用封闭截面的杆件并限制其自由长度,以防止压杆失稳。

(3)模型方案设计

图 1~图 3 为 3 种模型方案。

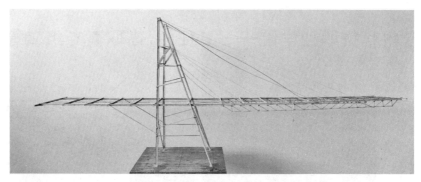
图 1　模型 1

图 2　模型 2

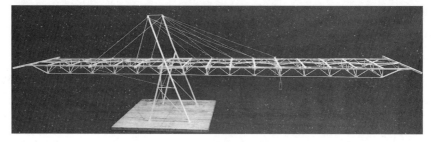
图 3　模型 3

表 1 中列出了 3 种模型的优缺点对比。

表 1　3 种模型的优缺点对比

模型	模型 1	模型 2	模型 3
优点	桥面刚度高、结构稳定性强、索塔变形模式可控	自重轻,斜塔位于角平分线处,传力路径合理	自重轻、桥面刚度大、索塔形式简单
缺点	自重重	两级承载能力弱	桥面制作工艺复杂

总结:综合对比刚度、强度、工艺和重量,最终确定的模型效果如图 4 所示。

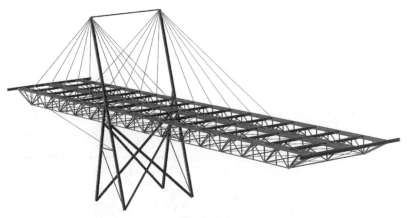

图 4　模型效果

32. 浙江同济科技职业学院——格丽桥(高职高专组二等奖)

(1)参赛选手、指导老师及作品

参赛选手	
钟晶森 阿杜拉日 曾子豪	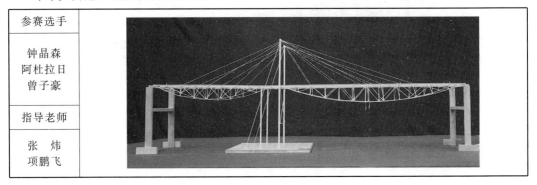
指导老师	
张 炜 项鹏飞	

(2)设计思想

本赛题为"不等跨双车道拉索桥结构设计与模型制作",要求采用竹质材料与502胶水制作一个不等跨双车道拉索桥。模型一级加载必须能够承受砝码的静力荷载和主跨跨中重量为2 kg的重锤的垂直动力荷载;二级加载是在一级加载的基础上,模型能够承受小车通过桥面的移动荷载。

赛题对模型的具体变形没有多加限制,但是对每级荷载加载时的模型失效制定了判定准则。为了保证不出现模型失效的情况,必须严格控制结构的水平位移和垂直位移。因此,我们从以下几个方面进行模型结构的设计。

①静力荷载

结构承受的主要静力荷载为砝码产生的重力方向的荷载。针对静力荷载,需要设计相应的竖向承重构件,例如桥面梁下支撑和立柱等。

②动力荷载

结构承受的动力荷载为弹簧释放后产生的垂直方向的荷载和小车通过桥面时的移动荷载。针对动力荷载,需要设计相应的横向抗弯力构件,例如梁下支撑杆、拉索拉杆、立柱等。

③整体性

模型结构除了满足静力荷载和动力荷载的强度和刚度外,还必须满足整体性要求,防止构件在受力后出现脱落的情况,导致模型加载失败。针对整体性,对构件连接节点进行设计与加固。

④桥面设计

桥面设计的难点主要集中在主跨跨度大的问题上。根据模型整体受力特点进行分析计算,在主跨跨中使用更多的拉索加固薄弱部位,在结构上使用适当的梁下支撑,以确保模型的整体性与稳定性。

⑤桥墩设计

主跨跨度过大时,为了使拉索受力不至于过大,就必须增加桥塔高度,但桥塔高度又不可能无限加高。主跨设计需要一定的稳定性,同时还要考虑桥塔高度对拉索效果的影响。既要保证强度,又要考虑重量因素。基于整体受力特点进行分析计算,找到满足要求的最适比。

(3)模型方案设计

选择合理的结构体系,主要包括结构的平面、立面布置,这对结构的整体性具有重大影响。结构形式越复杂,力学模型与实际结构的差距越大,受力分析就越困难,相应的抗弯构造措施和细部处理也越麻烦。

结构平面、立面布置的基本原则是:平面形状规则、对称,刚度连续、均匀。这里的"规则"包含了对结构平面、立面外形尺寸,抗侧力构件布置,以及承载能力分布等诸多要求。我们一共设计了3种模型,以下对其进行详细说明。

①模型1

模型1(见图1)是我们首先考虑的方案,整个结构体高600 mm,柱采用截面尺寸为6 mm×6 mm的方形柱,纵向梁采用截面尺寸为1 mm×6 mm的工字形梁,横向每隔200 mm穿插T形梁,纵向和横向梁之间通过截面尺寸为3 mm×3 mm的斜叉竹条填补空隙。梁下支撑选用工字形截面和棉蜡线,拉索使用棉蜡线。按照设计图纸,我们完成了实体模型,模型1的重量为240.67 g。通过试验,模型1虽然加载成功了,但可能会因为卡住小车而超过规定的加载时间,最终导致加载失败。

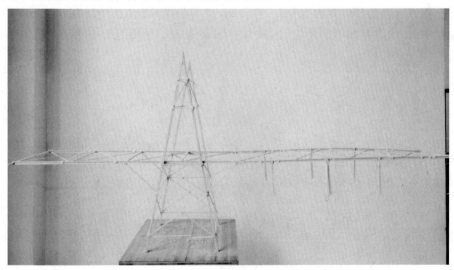

图1　模型1

②模型2

模型2(见图2)在模型1的基础上进行了改进,保留了模型1中较稳定的主墩结构。为了提高斜拉桥长跨的稳定性,主墩的设计更偏向于长跨,以此来解决长跨的难点问题,有利于保持模型整体的稳定性。竖向承重构件不同于模型1的矩形方管,采用工字形截面形式。工字形截面能够稳定地承受力的传递,相较于矩形方管更加轻便。横梁采用强度较高的截面尺寸为 3 mm×3 mm 的杆件,斜向柱间支撑采用截面尺寸为 2 mm×2 mm 的杆件进行拉结。考虑到模型 1 的桥面容易下陷的问题,我们进一步对桥面进行改进:纵向两侧使用 T 形梁,内部使用截面尺寸为 1 mm×6 mm 的杆件,横向穿插截面尺寸为 1 mm×6 mm 的杆件作为横梁,梁下使用截面尺寸为 3 mm×3 mm 的杆件作为支撑,以及使用截面尺寸为 2 mm×2 mm 的杆件分别加以辅助和拉结,提高了桥面的整体性。模型 2 的重量为 202.8 g,加载试验时,模型 2 虽然没有出现明显的变形,但整体重量还是较重。

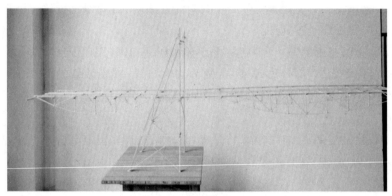

图 2　模型 2

③模型 3

模型 3(见图 3)是对模型 2 不断优化的结果,整体高度从 600 mm 优化到 550 mm,主要承受垂直方向力的杆件变为 2 根高 550 mm 的矩形方管,并且使用高 300 mm 的 T 形截面加以辅助,以提高模型的稳定性,减轻主墩的重量。桥面还是选用了模型 2 的稳定结构。

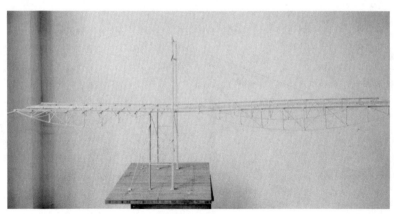

图 3　模型 3

模型 3 的重量为 175.6 g,在一级加载时相对平稳,杆件未发生明显变形;在二级加载时,梁下支撑受压后发生了明显变化,但也顺利通过二级加载。表 1 中列出了 3 种模型的优缺点对比。

表1 3种模型的优缺点对比

模型	模型1	模型2	模型3
优点	整体稳定性较好、杆件均匀布置,有利于受力	整体稳定性较好、桥面刚度强	杆件数量少、便于安装、整体稳定性好、耗能设计减少整体受力
缺点	桥梁刚度弱、容易变形,整体自重较重	稳定性相对较弱、平台精度要求高	整体自重较重、平台精度要求高

总结:综合比对以上3种模型,根据受力特点、整体稳定性、模型自重,并结合模型加载模拟等因素,我们选择模型3为最终方案,并根据有限元分析软件对结构受力特点进行分析,对应加强部位进行加强,以提高结构的稳定性。

33.浙江工业职业技术学院——脊梁(高职高专组二等奖)

(1)参赛选手、指导老师及作品

参赛选手	
陈佳楠 许 梦 秦秋伟	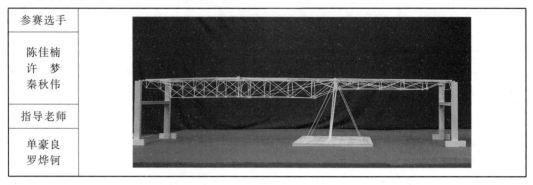
指导老师	
单豪良 罗烨钶	

(2)设计思想

本赛题为"不等跨双车道拉索桥结构设计与模型制作",通过对实际斜拉索桥工程案例的分析和赛题的分析,根据长短跨受力不等的特点,我们设计了倾斜式的桥墩和索塔。桥梁部分采用桁架桥的形式,将斜拉索分别拉在桥长短跨的跨中。

考虑到桥梁采用桁架形式,需要有可靠的连接限制桁架端部的转动,因此在中部桥墩处与两边的梁进行刚接,我们将两边桁架端部交叉并与桥梁连接,从而实现了两桁架与桥墩的刚接。

(3)模型方案设计

根据结构承载能力、刚度、稳定性和材料效率比等构思要点,综合运用结构力学、材料力学、有限元分析法等相关力学知识原理,我们分析了以下几种模型方案,并在进一步制作和试验中不断优化。

①模型1

模型1为张弦梁结构体系(见图1)。将2个张弦梁的平面做适当的转动,使每个截面为三角形,从而使2根张弦梁共用1根弦线,以节省材料。为了提高上弦杆件的抗压能力,我们在结构允许处设置支座,使桥的两跨符合赛题要求。但在后续的试验中,我们发现该模型1的抗扭能力较差。

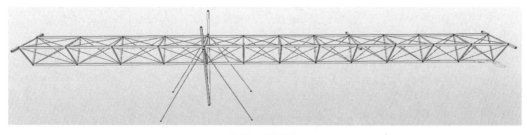

图1 模型1

②模型2

模型2为密索布置的斜拉索桥(见图2)。模型2主要由桥面结构和索塔两部分组成。索塔结构为H形索塔,通过4根拉索固定在底板上。桥面结构为矩形框架,两侧主梁各通过7条斜拉索与索塔相连。为了增加桥面刚度,在桥面中间桥长方向还设有2根梁。

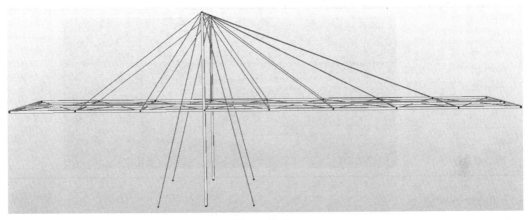

图2　模型2

总结:经综合对比,模型1加载的成功率最高,能够发挥材料的最大性能;模型2拉索多,索力控制难度大,制作时容易出现变形而影响受力。因此,我们选择模型1作为竞赛模型,并在此基础上进行设计、制作、优化。

34.台州职业技术学院——筐出未来(高职高专组二等奖)

(1)参赛选手、指导老师及作品

参赛选手	
杨宇涛 郑雨宣 毛浴潮	
指导老师	
项　伟 陈　姚	

(2)设计思想

根据赛题要求,模型的结构形式限定为拉索桥(即以拉索为主要承重构件的预应力桥梁结构体系),如斜拉桥、悬索桥、张弦梁桥等,具体索塔形式和拉索布置方式不限,但桥梁模型须体现以拉索为主要承重构件。基于竞赛规则,结合对竹材料物理力学性能和拉索类桥梁结构特点的理解,我们从以下几个方面对结构方案进行构思:①创新桥梁外形,力求简洁大气,在符合大众审美的基础上追求新颖和美观;②创新结构体系,在常规结构体系的基础上进行合理化创新;③结构安全第一,体系受力合理、传力路径明确,在满足加载的基础上确保经济性;④各杆件易于制作和安装,尽量减少接头和拼缝,以提高结构的整体性。

(3)模型方案设计

①模型1

模型1为双侧A形独塔三索面斜拉桥。考虑到斜拉桥的受力特征,即主梁受弯、索塔承压(非对称索力下塔身还将受弯)、拉索受拉,为了避免塔身受荷载作用下发生侧倾乃至倾覆,模型1的主梁两侧均采用A形塔身,即在一侧采用双根柱,与塔顶对接,并与底板形成2个固结节点。两侧A形塔身通过风撑连接,有效提升塔身的顺桥向抗弯曲和横桥向抗侧倾能力。同时,为了兼顾经济性,塔身截面可以做一定的优化。

此外,由于移动荷载的局部承压效应显著,且桥面横桥向的横梁数量和刚度有限,小车在行驶过程中容易产生向内侧的倾覆现象。因此,模型1在中间增加1根T形中主梁,并在纵横梁节点处设置拉索,形成第三道索面,以此将荷载传递至塔顶的横向风撑,有效提升桥面的横向刚度。

②模型2

模型2为独塔张弦式梁桥。在模型1的实际制作和加载过程中,我们观察到在不等跨结构且非对称荷载加载下,A形塔身的变形得到了很好的控制,但带来的结果是结构用料较多、经济性较差。此外,在两级加载的过程中,还极易发生横桥向的桥面失稳现象,即棉蜡绳由于材料塑性变形较大,难以维持桥面稳定,抗扭刚度不够。

针对模型1的不足之处,模型2采用张弦式梁桥,即采用2根纵梁作为刚性构件上弦,竹条作为柔性拉索,中间连以撑杆形成组合结构体系。其受力机理为下弦拉索主要承受拉力,而撑杆受压对上弦梁提供弹性支撑,通过在下弦拉索中施加预应力使上弦梁产生反挠度,使结构在荷载作用下的最终挠度得以减少。由此可见,张弦梁结构可以充分发挥竹条的抗拉性能;同时与主梁协同工作,发挥每种结构体系的作用。在上述初步理论分析的基础上,我们对两种模型进行了试验验证和逐步优化,最终确定采用模型2的结构方案,模型效果如图1所示。

图 1 模型效果

35.台州科技职业学院——铜雀索大桥(高职高专组二等奖)

(1)参赛选手、指导老师及作品

参赛选手	
周红刚 强昊楠 曹胜前	
指导老师	
吕志超 符立华	

(2)设计思想

本赛题为"不等跨双车道拉索桥结构设计与模型制作",既要保证结构有足够的强度和刚度,又要使其用料最少,达到安全、经济、高效的目的,我们从桥面设计、索塔设计、拉索布置、结构装配等方面对结构方案进行构思。

①桥面设计

桥面在多种载荷下的变形模式主要是沿桥长方向和沿桥宽方向的弯曲。考虑到大变形会导致桥面端部脱离支撑装置从而造成桥体垮塌,桥面必须具有一定的横向和纵向抗弯刚度。

②索塔设计

索塔主要承受由拉索传递的拉力和由桥面传递的外载,基准面以上的主要变形模式是弯曲,基准面以下的主要变形模式是压杆失稳。因此,我们在 H 形索塔的基础上进行设计,以保证基准面以下的有效承载面积;同时,通过合理的桁架结构,在保证基准面以上的索塔具有足够的抗弯强度的基础上减轻重量。

③拉索布置

由于载荷非对称,因此我们采用双索面布置,以保证斜拉桥具有较大的抗颤振能力,主跨采用拉索+平面桁架的形式来增强桥面的抗弯能力。

④结构装配

索塔、桥面并行制作并在索塔上设置装配限位,在索塔与底板完成黏结后再将桥面进行装配,不仅能保证制作精度,而且还能提高模型的制作效率。

(3)模型方案设计

模型设计主要围绕双立柱 H 形索塔+工字桥面和四立柱 H 形索塔+桁架桥面展开。

①模型 1(双立柱 H 形索塔+工字桥面,见图 1)

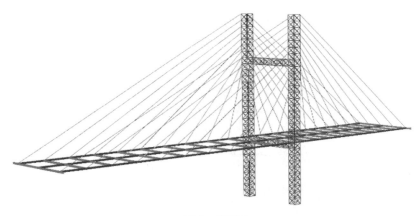

图1 模型1

②模型2(四立柱索塔＋工字桥面,见图2)

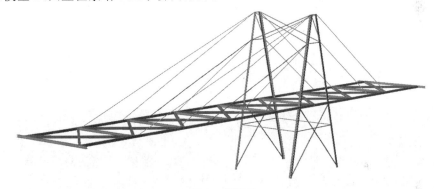

图2 模型2

③模型3(四立柱索塔＋桁架桥面,见图3)

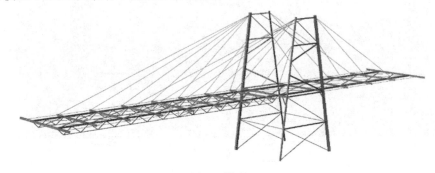

图3 模型3

表1中列出了3种模型的优缺点对比。

表1 3种模型的优缺点对比

模型	模型1	模型2	模型3
优点	桥面节点少且易于黏结,密索布置、变形均匀	传力清晰、工艺简单	传力清晰、自重轻、桥面刚度大、跨中变形小
缺点	索塔节点多、工艺复杂、自重重	桥面过重、跨中变形大	黏结工艺要求高

　　总结:经综合对比,模型3在保证桥面不发生大变形的情况下自重较轻,最终确定的模型效果及实物模型如图4所示。

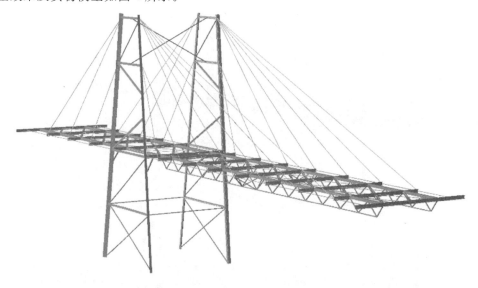

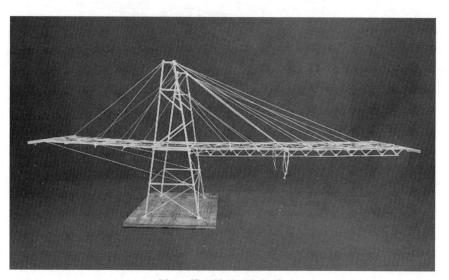

图4　模型效果及实物模型

36. 义乌工商职业技术学院——观澜大桥(高职高专组二等奖)

(1)参赛选手、指导老师及作品

参赛选手	
熊　森 陈　亮 王佳怡	
指导老师	
金跨凤 卢海燕	

(2)设计思想

本赛题考虑的是在两种不同工况下,以拉索为主要承重构件的桥梁强度和刚度的问题。因此,我们从受力特点、结构体系、传力路径等方面对结构方案进行构思。

①受力特点

根据赛题要求,一级加载时,结构受到不同重量小车的静载荷作用;二级加载时,不同配重比的小车相向而行,即移动载荷作用于结构。此外,还有重锤和弹簧共同作用导致的竖向振动。

②结构体系

将模型尽量设计为无多余约束的几何不变体系。对于受拉构件,如果变形较小,考虑采用绳子作为拉索构件。此外,尽量减少构件数量。通过加强节点的连接强度,提高结构的安全性。

③传力路径

减少传力路径中的构件数量,使传力路径简洁明了,充分利用竹材力学性能单一、绳索只能承受拉力的特点。

(3)模型方案设计

根据方案构思,我们初步设计了两种模型。模型1为斜拉索桥,模型2为张弦梁式桥。

①模型1

拉索和主墩采用斜置空心柱的形式,使索塔不失稳。索塔与次跨跨中区域、主跨跨中区域采用截面尺寸为 2 mm×2 mm 的竹条相连,以承受外载荷产生的弯矩,使结构具有一定的刚度。

②模型2

主墩采用矩形截面空心柱和截面尺寸为 3 mm×3 mm 的竹条制成。主跨部分采用空间桁架结构,次跨部分只采用竖直方向的撑杆,以减轻构件自重。桥面部分采用由 2 根空心柱和 2 根 T 形梁制成的 4 根纵梁,以抵抗车道载荷导致的变形。采用绳索作为鱼腹梁的拉索构件。

表 1 中列出了两种不同模型的优缺点对比。

表 1 2 种不同模型的优缺点对比

模型	模型 1	模型 2
优点	对模型制作工艺的要求不高	结构整体传力路径明确、结构形式简洁、自重轻
缺点	构件在不同工况下既受拉又受压,为了使结构不发生失稳,需要增加结构的冗余度,导致结构自重重	对模型制作工艺的要求非常高

总结:经综合对比,最终确定的模型效果如图 1 所示。

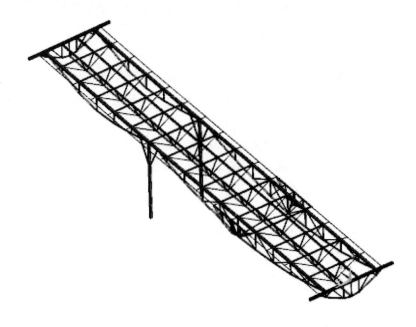

图 1 模型效果

37.嘉兴南洋职业技术学院——筑梦桥(高职高专组二等奖)

(1)参赛选手、指导老师及作品

参赛选手	
金 飞 相东涛 杨堰丞	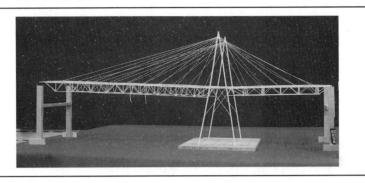
指导老师	
廖静宇 孟敏婕	

(2)设计思想

根据赛题要求,我们从结构选型、结构主体设计、桥面结构刚度和造型美观等方面对结构方案进行构思。

①结构选型

在结构选型阶段,我们参考了国内数座著名的大跨桥梁。通过查阅资料,我们发现大跨桥梁结构常用的结构形式有斜拉桥、悬索桥。

根据竞赛提供的材料和要求,我们最终选择斜拉桥结构形式。

②结构主体设计

桥梁结构主要分为主塔、拉索和桥面。所有荷载包括静载、振动荷载及小车的移动荷载均通过桥面结构传递至拉索,再由拉索传至主塔和基础底板。

竖向结构为主塔,考虑到竹材的特点,采用三角桁架形式设计主塔,将其分别设置在桥面两侧。主塔设置若干段,与不同跨度的拉索进行连接。2个主塔在塔顶用水平构件连接,形成空间整体结构体系。

③桥面结构刚度

两级加载时,需要小车在拉力作用下通过桥梁结构,小车宽 90 mm,车道宽 100 mm,两者尺寸相近。加载时,砝码上下叠加在小车上。在小车行驶过程中,桥面应具有较大的刚度,以严格控制桥面的横向变形,否则小车的偏心极易导致车体卡在桥面上而无法通行,从而使加载失败。

桥面结构采用空间三角桁架体系,通常设置纵横向正交桁架。桥面结构为水平构件,采用主次梁正交搭接形式。考虑到小车荷载集中在车轮,在小车行进方向的轮迹下设置次梁。不再另外设置桥面板结构。

④造型美观

合理设计主塔高度,在满足结构加载要求的同时,通过拉索与桥面形成整体结构,保证桥梁结构的整体比例协调、外形简洁美观。

(3)模型方案设计

经过多轮构思,在模型设计与制作过程中,大致有两种模型方案(见图1、图2),并对两种模型方案的优缺点进行对比,表1中列出了两种模型的优缺点对比。

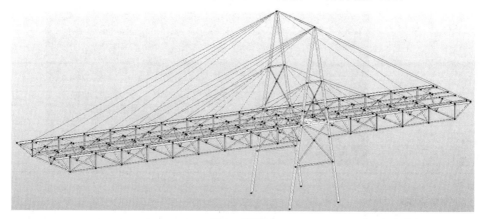

图1 模型1

图2 模型2

表1 两种模型的优缺点对比

模型	模型1	模型2
优点	桥面板刚度大、主塔高度较小、结构更经济	结构简单、制作难度小
缺点	结构复杂、制作难度大	桥面刚度小、变形较大、棉线预拉力控制难度大

总结:经综合对比,模型1的结构更为经济合理,桥面刚度足够大,能满足两级加载过程中小车通行的要求。因此,我们选择模型1作为本次竞赛的模型方案。最终确定的模型效果如图1所示。

38.绍兴文理学院元培学院——观澜(本科组三等奖)

(1)参赛选手、指导老师及作品

参赛选手	
潘家锋 杨梦淇 陈小聪	
指导老师	
于周平 张聪燕	

(2)设计思想

根据赛题要求,模型结构形式限定为拉索桥(即以拉索为主要承重构件的预应力桥梁结构体系),如斜拉桥、悬索桥等,具体索塔形式和拉索布置方式不限,但桥梁模型须体现以拉索为主要承重构件。基于赛题要求和材料特性,我们要解决两个问题:一是偏载震颤;二是小车相向而行时模型产生的形变不能过大,避免桥端从器材上滑落或若小车通过障碍物时产生的冲击力超过模型本身的承载能力。

因此,我们从结构形式、承载能等方面对结构方案进行构思。

①结构形式

桥面采用矩形,主要承力结构在桥下方,按照赛题要求将桥柱简化,减轻重量。

②承载能力

根据不同的荷载情况,对部分构件进行加固,加厚重锤悬挂点的工字梁,桥柱只设置在桥面以下部分,桥端有鱼腹张拉,主跨采用三角张拉,次跨采用简单张弦。

(3)模型方案设计

①模型1

主体采用矩形结构,用 T 形次梁分为 12 个小跨。主梁采用槽钢形式。桥柱分别位于距离主梁 600 mm 和 1000 mm 的分界处,支撑在距离次梁 250 mm 处。桥梁通过在桥面下部设计的张拉结构和斜拉索来提高桥面的承载能力,斜拉索分别连接桥柱的顶端和主次跨两侧的中间处。为了减轻结构自重,次跨的张拉结构仅设置在次跨的中段。通过数值模拟和加载试验发现,模型主体的承载能力不足,在两级加载时桥面容易损坏。其主要原因是主次桥段的张拉体系设计欠合理。

②模型2

模型 2 保留模型 1 的斜拉索和桥面下部张拉结构的设计,并对主次跨的张拉结构进行改进。模型 2 将次跨张拉结构的张拉范围扩大至整跨,把主次跨张拉结构的支撑体系的高度设计为中间高两侧低的形式,以此增加桥面的抗弯刚度。通过数值模拟和加载试验发现,该桥梁的承载能力过剩。其主要原因是超静定结构太多,张拉结构和斜拉索功能存在重叠。

③模型3

相较于模型1和模型2,模型3舍弃了桥柱和桥面上部的斜拉索设计,只保留了桥面下部的张拉结构,并对次跨的张拉结构进行简化。模型3除了支撑体系的斜撑杆以外,增加了主次跨下部的斜拉索设计,以防止桥面倾覆。增加桥端张拉结构,减少小车停留时产生过大形变使模型滑下加载器材的可能性。通过数值模拟和加载试验发现,模型3能够满足所有工况的加载,并且结构自重较前两种更轻、制作更加简单、材料利用率更高。

表1中列出了3种模型的优缺点对比。

表1 3种模型的优缺点对比

模型	模型1	模型2	模型3
优点	模型整体结构简单、承载能力强	模型整体结构简单、承载能力强,添加的竖杆使结构更合理	模型整体结构较为简单、传力明确、承载能力强,节省制作时间,材料利用率高、自重轻
缺点	下方结构张拉角度不合理、承载能力较弱	自重较重、张拉角度较大、承载能力较弱	偏载情况仍存在,模型制作精度要求高

总结:经综合对比,模型3的制作工艺简单,可以节省大量时间。同时,模型3的自重轻、承载能力强、材料也有很大的富余空间,可以让我们挑选更优质的竹材制作模型主体结构的柱子。最终确定的模型效果如图1所示。

图1 模型效果

39.浙江海洋大学——拒绝摆烂桥(本科组三等奖)

(1)参赛选手、指导老师及作品

参赛选手	
肖纪研 杨德睿 林沈杰	
指导老师	
指导组	

(2)设计思想

本赛题为"不等跨双车道拉索桥结构设计与模型制作",我们从主体结构、材料特性等方面对结构方案进行构思。

主体结构采用A形。A形桥柱的特点:①稳定;②跨度大;③材料用量小;④受力体系简单。A形桥柱的优点:①设计、制作、安装均简便;②由于A形桥柱适应跨度范围大,故其应用非常广泛。

充分利用材料特性和合理的制作工艺增强结构的承载能力。经过前期的模型试验,我们发现工字形柱不仅能承受较好的静荷载,而且还有较好的抗扭性能。4个工字形柱截面围成的A形构件,可以更好地支撑模型一、二级加载并且在主体结构的连接下具有更好的稳定性和抗扭性能,以此减小模型在竞赛中的晃动程度,从而避免砝码因晃动而惯性脱落。主跨桥面受力大,因此桥面边上的杆采用2根截面尺寸为1 mm×6 mm和2根截面尺寸为3 mm×3 mm的材料;次跨受力较主跨小,因此采用2根截面尺寸为1 mm×6 mm和1根截面尺寸为3 mm×3 mm的材料。

(3)模型方案设计

不同的模型方案如图1～图5所示。

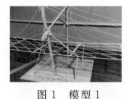

图1 模型1

图2 模型2

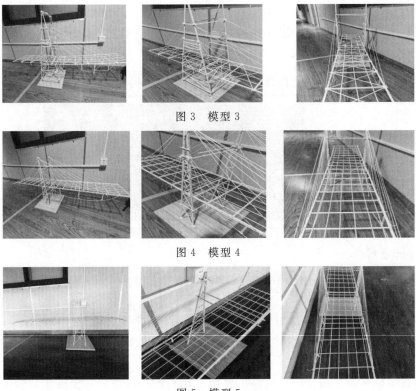

图 3　模型 3

图 4　模型 4

图 5　模型 5

最终确定的模型效果如图 6 所示。

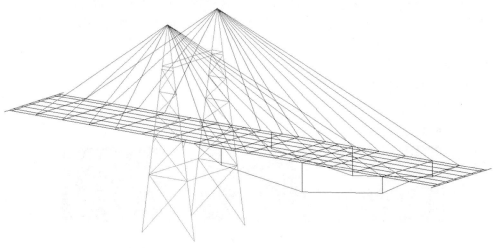

图 6　模型效果

40.浙江万里学院——我们一组四人(本科组三等奖)

(1)参赛选手、指导老师及作品

参赛选手	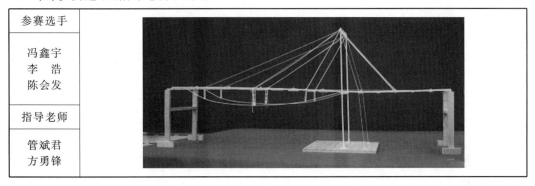
冯鑫宇 李 浩 陈会发	
指导老师	
管斌君 方勇锋	

(2)设计思想

本赛题模拟多种工况下桥的结构受力情况。在多次试验中我们发现,为了能够承受重锤和小车带来的垂直荷载,最重要的是控制拉索的角度和桥面刚度。若采用拉索直接受力于桥面的方法会导致较大的力作用于索塔,从而使索塔发生倾斜;通过棉蜡线和斜撑间接作用桥面,则需要桥面具有更大的刚性。因此,只有保持拉索的受力范围和桥面材料刚度的受力范围达到最统一的配合,才能最大化减轻模型自重。此外,对于桥面如何支撑小车,并保证小车顺利通行也需要重点考虑。

(3)模型方案设计

我们尝试的是中等承载重量,即主跨上 2 kg 的重锤和小车上 4 个砝码,次跨小车上 2 个砝码,以此来寻找合适的方向。为此,我们将模型分为索塔和桥面两部分:索塔部分以 H 形和 A 形为主要方向,桥面分为双车道和单车道两种。自由组合后,得到了以下两种模型方案。

①模型 1

模型 1 为 H 形索塔和单车道。模型 1 的优势在于不论是 H 形索塔,还是一体的车道,在斜撑的加持下都有更好的抗扭能力。因为加载中重锤处于桥面的一侧,所以更强的抗扭能力可以保证棉线的拉力处于一个较稳定的状态,整个模型也处于力的平衡中。

②模型 2

模型 2 为 A 形索塔和双车道。我们在试验中发现,棉蜡线作为主要承重结构时,索塔将会在小车和重锤的重量作用下变形。因此,制作索塔时,我们选用更坚固且节约材料的 A 形。但是模型 2 的制作材料耗费更多、重量更重,因此不是最优模型。

我们发现,竞赛中自带的轨道面虽然在纵向很容易使小车滑落,但是在横向其自身带有一定的刚度。因此,我们只要保持每隔一段距离有一个横向杆件,小车就不会因空隙而滑落。此种方案虽然解决了小车滑落的问题,但是在没有斜撑的加持下桥面受力时横向弯矩过大,会导致桥面一定程度的倾斜。

综合考虑以上两种模型,最终我们选择模型1作为参赛模型。

41.宁波大学科学技术学院——通车并上岸(本科组三等奖)

(1)参赛选手、指导老师及作品

参赛选手	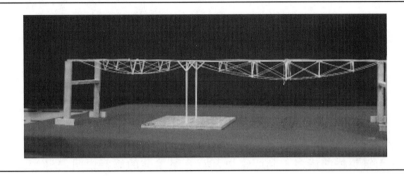
李梦婷 周　洁 沈泸伟	
指导老师	
马东方 张幸锵	

(2)设计思想

本赛题要求设计以拉索为主要承重构件的预应力桥梁结构。结构方案的构思涵盖结构体系、桥梁平面和断面设计以及桥梁减重等方面。

①结构体系

基于斜拉桥、索桁架以及张弦梁等结构的对比,综合考虑结构性能以及自重,将桥梁结构设计成改进的张弦梁结构,即在传统张弦梁结构的基础上,布置交叉斜索,以提高刚度。

②桥梁平面和断面设计

为了控制桥面挠度,确保小车平稳通过,每块桥面板均置于2根桥面纵梁上。同时,将桥梁断面设计成桁架结构,发挥纵梁抵抗小车轮压的作用,防止车辆倾覆。

③桥梁减重

为了减轻桥梁自重,充分发挥材料性能,结构引入大量拉索,并将局部打磨为直径约1 mm的圆杆。同时,通过多次试验,不断优化其余杆件截面,例如桥梁纵梁选用T形截面,支座梁以及桥墩杆件选用箱形截面,并在保证杆件承载能力的前提下,通过适当打磨减轻结构自重。

(3)模型方案设计

通过不断试验,模型方案也经历了多次演变,结构趋于合理,下面就几种典型的模型方案进行对比。

①模型1

模型1采用了如图1所示的预应力斜拉桥结构形式。主塔高700 mm,主塔与桥面采用棉蜡线制作的斜拉索连接。由于长跨跨度较大,为了防止倾覆以及挠度过大,长跨桥面采用桁架结构,以此提高桥梁整体的稳定性以及结构刚度,减少桥梁颤振现象。模型1外形美观、结构合理,然而此种结构的缺点也较为突出,例如杆件较多,尤其是塔部分,制作过于复杂、耗时太长。此外,预应力施加难以控制、模型自重较重、荷重比偏小,且后续优化余地较小。

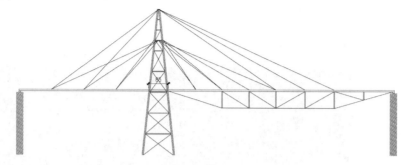

图 1　模型 1

②模型 2

基于斜拉桥的诸多不利因素以及竞赛组委会的解释说明,我们又尝试了模型 2 索桁架方案(见图 2)。索桁架多应用于幕墙支撑结构,将该方案应用于桥梁结构中亦为新的尝试与挑战。索桁架外形美观,拉杆所占比例较大,因此结构自重相对较轻。结构以桥面纵梁为轴对称分布,是一种自平衡体系,可以较好地抵抗桥梁颤振。但由于部分杆件在桥面以上,因此会占用行车空间,车道板不易直接搁置在索桁架的中间梁上,这也是我们放弃使用模型 2 的重要原因。

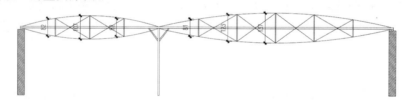

图 2　模型 2

③模型 3

模型 3(见图 3)采用桁架结构,亦可看作是改进的张弦梁结构。该结构制作较为简便,且在荷载作用下,大部分杆件以单向受拉、压为主,可以充分发挥材料的强度。通过对上下弦杆和腹杆的合理布置,可以适应结构内部的弯矩和剪力分布,属于自平衡结构体系。此外,该结构引入了大量拉索,传力路径明确、自重较轻,且具有较大的刚度。但缺点是结构的创新性不足。

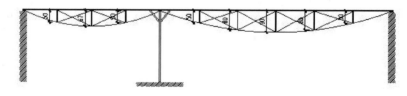

图 3　模型 3

总结:经综合对比,模型 3 的结构相对合理、可靠性好、自重相对较轻,具有较大的刚度,且易于制作安装,最终确定的模型效果如图 4 所示。

图 4　模型效果

42.浙江大学——桥墩墩(本科组三等奖)

(1)参赛选手、指导老师及作品

参赛选手	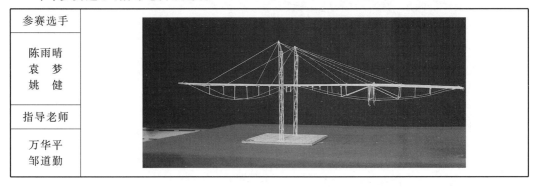
陈雨晴 袁　梦 姚　健	
指导老师	
万华平 邹道勤	

(2)设计思想

　　拉索桥是重要的现代大跨桥梁结构形式,尤其是在峡谷、海湾、大江、大河等不易修筑桥墩的地方架设大跨径的特大桥梁时,往往都选择悬索桥和拉索桥的桥型。我国建造拉索桥的技术较为成熟,至今已建成各种类型的拉索桥 100 多座,其中有 52 座跨径大于200 m。20 世纪 80 年代末,我国在总结加拿大安纳西斯桥的建造经验的基础上,于 1991年建成了上海南浦大桥(主跨为 423 m 的结合梁斜拉桥),开创了我国修建 400 m 以上大跨度拉索桥的先河。目前,我国已成为拥有拉索桥最多的国家。

　　本赛题为"不等跨双车道拉索桥结构设计与模型制作",我们从赛题要求、模型加载方式等方面对结构方案进行构思。

(3)模型方案设计

①模型 1(A 形桥塔＋刚性桥面)

结构构型:桥塔为 A 形,用 3 根截面尺寸为 1 mm×6 mm 的复压竹材黏结制作成 C形杆件,中间用若干截面尺寸为 3 mm×3 mm 的杆件加固;桥面每隔 100 mm 用截面尺寸分别为 1 mm×6 mm 和 3 mm×3 mm 的工形杆连接,中间用截面尺寸为 3 mm×3 mm 的竹杆交叉形成 X 形加固;桥下结构均为张弦结构。

稳定性:桥面板整体的抗弯性能较好,能够承受较大的弯矩,桥面中间的 X 形构建能在两级加载时使小车平稳通过,不易侧翻,整体较为稳定。

试验结果:A 形桥塔强度过高,同时桥面板的杆件数较多,整体自重过重;整个结构为刚性体系,能够加载成功,但在减重方面需要多加考虑。

②模型 2(格构柱塔＋柔性桥面)

结构构型:桥塔为格构柱,用若干根截面尺寸为 2 mm×2 mm 的复压竹材制作,在不增加太多重量的情况下兼顾了桥塔的强度;桥面两侧采用 3 根截面尺寸为 1 mm×6 mm的竹片黏结制作成 C 形杆,中间每隔 100 mm 用截面尺寸分别为 1 mm×6 mm 和 3 mm

×3 mm 的工形杆连接;同时,采用棉蜡线贯穿整个桥面,以承担荷载,大大减轻了桥整体的重量但也使桥面刚度大大下降。桥下结构均为以棉蜡线为主要受力材料的张弦梁式设计。

试验结果:格构柱强度足够,未出现明显形变。虽然桥面板的整体重量非常轻,但在加载时出现了非常大的形变现象,尤其是主跨跨中。同时,两级加载时,小车易向桥内倾斜,带来较大隐患。

③模型 3(格构柱塔+缩进桥面)

稳定性:桥面板整体较刚,加重荷载形变在可控范围内;两级加载时,小车在通过时车道略有下陷,但整体通行情况较为良好。

表 1 中列出了 3 种模型的优缺点对比。

表 1　3 种模型的优缺点对比

模型	模型 1	模型 2	模型 3
优点	承载能力最强、刚度好、稳定性好	自重最轻、使用杆件较少、制作耗时较少	自重较轻,两级加载都有较为良好的表现,稳定性好
缺点	自重最重,部分结构强度超出所需要求	桥面板太柔、承载能力不强、两级加载有小车侧翻风险	制作较为复杂、耗时较多

总结:综合对比结构体系、模型稳定性、制作难度、模型自重,我们选择模型 3 为最终方案,模型效果及实物如图 1 所示。

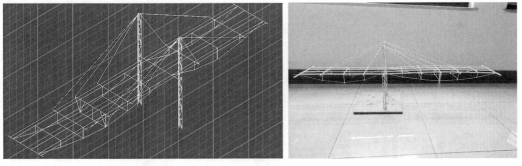

图 1　模型效果及实物

43.浙江师范大学——安和桥(本科组三等奖)

(1)参赛选手、指导老师及作品

参赛选手	
方海涛 葛锴均 叶怡彤	
指导老师	
章旭健 吴樟荣	

(2)设计思想

根据赛题要求,我们从强度、刚度、模型的制作材料以及受力合理性等方面对结构方案进行构思。根据模型的制作材料,选择适当的结构形式,提高结构的刚度、强度、稳定性。使用有限元分析软件进行辅助分析,对结构进行合理设计,针对不同的结构形式,在保证安全可靠的前提下精简杆件,以减轻模型自重。

我们给模型取名"安和桥",顾名思义,即平安祥和,寄予了我们对它的美好期望。

(3)模型方案设计

①模型 1(见图 1)

优点:结构简单,对做工要求较低。

缺点:桥面较柔,对索塔刚度要求高,对拉线的要求较高,自重偏重。

图 1　模型 1

②模型2(见图2)

优点:桥面刚度高,竖向承受荷载能力强,重量较模型1轻。

缺点:抗扭能力弱,小车容易侧翻。

图2 模型2

③模型3(见图3)

优点:结构稳定,自重轻,桥面整体性好,抗扭抗弯能力强。

缺点:对制作工艺的要求较高。

图3 模型3

表1中列出了3种模型的节点构造。

表1 节点构造

节点位置	说明	图例
拉索节点	主跨拉索与相邻构件的连接点	
横杆节点	桥面横杆与角钢的连接点	
柱脚节点	主杆与支撑杆在底板的连接点	

　　总结:综合对比承受荷载能力、制作工艺、模型自重以及结构稳定性等,最终确定短跨部分采用模型 2,长跨部分采用模型 3 作为参赛方案。

　　最终确定的模型效果如图 4 所示。

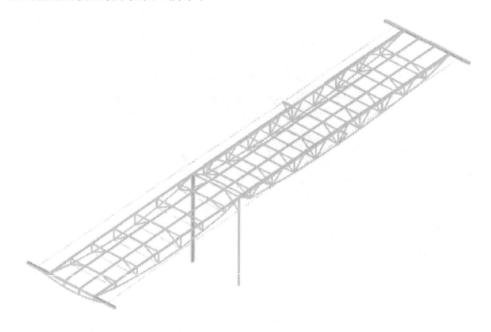

图 4　模型效果

44. 浙江水利水电学院——好运来大桥(本科组三等奖)

(1)参赛选手、指导老师及作品

参赛选手	
张炜桦 王睿婷 刘心愉	
指导老师	
指导组	

(2)设计思想

本赛题为"不等跨双车道拉索桥结构设计与模型制作",我们从实际应用、结构稳定性、结构创新性、节省材料等方面对结构方案进行构思。

从世界上已经付诸实践应用的各大著名斜拉桥、悬索桥出发,模仿设计 A 形塔柱、Y形塔身等,并分析、模拟、制作各座大桥的拉索方式,最终拟采用扇形拉索方式,便于分散集中在塔身的拉力。

在结构稳定性方面,考虑采用简单的三角形做一些结构性的稳定杆件,保证塔身受荷载后的刚度稳定性。桥面上布设下弦杆,通过 1 根截面尺寸为 2 mm×2 mm 的截面杆,将下弦杆与桥面通过三角形稳定连接,增强结构稳定性。

在结构创新性上,桥面与车道中轴线垂直的受力杆件,原通过 T 形截面梁承载,后经改动设计,减去其翼缘杆件,保留受力腹杆,同时通过之字形杆件连接,保证其结构稳定性。

在节省材料方面,通过反复实践、制作、测试,将模型非主要承受荷载杆件逐个去除,在保证截面强度和刚度的前提下,逐步减少材料用量。同时,保证绳索与竹杆之间的平衡协调关系,尽可能减轻模型自重。

(3)模型方案设计

①模型 1

模型 1 桥面两侧承受荷载的杆件采用工字形梁,中间采用 T 形截面杆件,通过三角形方式连接,增强桥面强度与刚度。同时,桥墩采用矩形,塔身采用两面矩形构造,在桥面中轴线上 500 mm 高处连接闭合,并在此处通过绳索将桥面两端连接在一起。

②模型 2

模型 2 桥面两侧采用 T 形截面梁,中间采用截面尺寸为 1 mm×6 mm 的单根腹杆承受荷载,腹杆中间采用之字形连接方式。塔身采用 T 形截面梁,通过杆件连接,保证强度和刚度。采用扇形拉索方式,使塔身受力均匀。

表1中列出了两种模型的优缺点对比。

表 1　两种模型的优缺点对比

模型	模型 1	模型 2
优点	用料结实,桥面承载能力更强	自重较轻,桥面具有创新性,三角形构造稳定
缺点	模型自重重,有较多多余杆件	塔身承受荷载截面不稳定,易变形

总结:综合对比模型 1 与模型 2,最终确定的模型效果如图 1 所示。

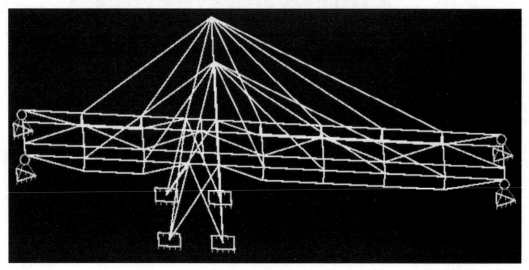

图 1　模型效果

45. 浙大城市学院——扶瑶(本科组三等奖)

(1)参赛选手、指导老师及作品

参赛选手	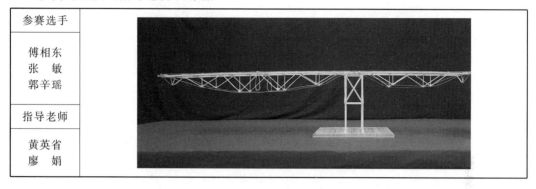
傅相东 张　敏 郭辛瑶	
指导老师	
黄英省 廖　娟	

(2)设计思想

根据赛题要求,我们讨论采用以拉索为主要承重构件的预应力桥梁结构体系,在桥面主梁下部设置桁架支撑,再通过由竹皮和棉蜡线组成的拉索施加预应力。桥墩采用矩形截面,结构形式为框架结构,柱子之间设置剪刀撑,以提高桥墩的整体刚度和稳定性。在模型方案设计中,主要考虑拉索具有韧性大、抗拉强度大等特性,而桁架支撑则具备较好的承载能力。

(3)模型方案设计

在模型方案设计时,考虑模型结构体系的布置、拉索的设置、杆件位置的选定、截面尺寸的大小、斜撑强度的选择、加载面杆件类型的选择等问题。根据本赛题,我们试做并对比了以下几种模型方案。

①模型1

模型1为拉索桥结构,在桥墩300 mm高度处架设桥面梁,桥墩四面设置剪刀撑,长跨主梁下方使用由截面尺寸分别为3 mm×3 mm和1 mm×6 mm的竹条组合而成的三角形支撑杆,桥面次梁杆件采用T形设计,小车轨道采用厚度为0.5 mm的竹皮制作,分别在距离长跨次梁200 mm、400 mm、500 mm、600 mm、800 mm处以及距离短跨次梁100 mm、200 mm、300 mm、400 mm处设置伸出的垫片用于拉绳索,索塔高400 mm。由于模型结构框架大且杆件本身的强度较高,整体结构具备较好的稳定性(见图1)。

图 1　模型 1

②模型 2

模型 2 为拉索桥结构,相对于模型 1,其索塔高度减少至 250 mm。模型 2 的整体结构受力比较稳定、富余度大,具备较好的稳定性(见图 2)。

图 2　模型 2

③模型 3

模型 3 为拉索桥结构,相对于模型 1 和模型 2,其短跨桥面梁下部增设了三角形支撑杆和拉索杆件,形成了由桥面梁、桁架支撑杆和下部拉索杆件组合而成的预应力桥梁结构受力体系。整体结构受力均匀、变形小,具备较好的稳定性和可靠性(见图 3)。

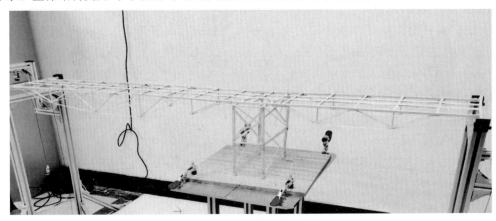

图 3　模型 3

表 1 中列出了 3 种模型的优缺点对比。

表 1 3 种模型的优缺点对比

模型	模型 1	模型 2	模型 3
优点	结构体系承载能力强、刚度大、变形小	结构体系承载能力较强、制作相对简单	结构体系简单合理、受力均匀、稳定性好、自重轻
缺点	自重较重,不经济	局部刚度不够、变形有点大	制作难度大、精度高

总结:综合对比模型的合理性、受力性能、承载能力、稳定性以及经济性等方面,最终确定的方案为模型 3,模型效果如图 4 所示。

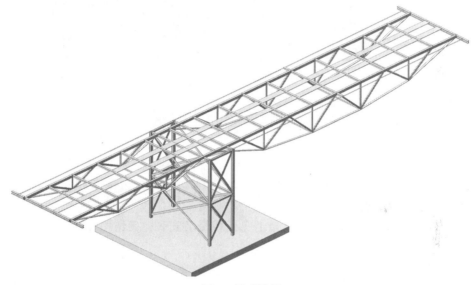

图 4 模型效果

46. 绍兴文理学院元培学院——鹊桥(本科组三等奖)

(1)参赛选手、指导老师及作品

参赛选手	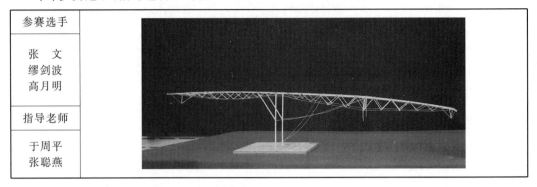
张 文 缪剑波 高月明	
指导老师	
于周平 张聪燕	

(2)设计思想

我们主要从以下几个方面对结构方案进行构思。

①初选模型结构形式

本赛题为拉索桥,具体索塔形式和拉索布置方式不限。在满足桥长、桥跨、通航等条件的基础上,构思出不同形式的模型结构,比如斜拉桥、悬索桥、鱼腹桥等。

②确定张弦梁的结构方案

从刚开始有索塔的斜拉桥到无索塔的悬索桥最后到张弦梁结构,都需要通过一系列试验与分析,选出最优方案。

③细部结构的优化研究

在小车移动荷载与风荷载的共同作用下,如果加入充足的材料构筑模型,均能达到两级加载目标,但模型自重往往不尽如人意。因此,在原模型方案的基础上,不断做减法,测试构件的性能,并且通过有限元软件分析结构,去掉冗余杆件,增强薄弱部分。

④对抗扭结构的构思

当桥梁自重受到限定、桥梁构件极度简化时,在小车移动的过程中,长跨桥梁容易外翻。因此,在长跨采用箱形梁,以增加纵梁的刚度;短跨变形小,则可采用槽形纵梁,以减轻自重。同时,利用张弦梁结构给桥梁施加预应力,以减小变形,从而增加结构的稳定性。

(3)模型方案设计

拉索桥是以拉索为主要承重构件的预应力桥梁结构体系,常见的结构有斜拉桥、悬索桥等。根据赛题要求,我们发现在实际加载过程中,在重锤和弹簧共同作用下所模拟的风荷载破坏是模型设计需要解决的首要问题。因此,在一般桥梁结构形式的基础上,综合材料性质、手工制作等因素,我们先后选定了以下4种结构形式。

①模型1

为了保证桥梁有足够的承载能力,模型1的桥墩和桥塔为格构式,桥塔由矩形截面杆件连接。在桥塔的顶部设置6对拉索,其中4对拉索拉至主跨的四等分点处,剩余2对拉索拉至次跨的两等分点处。为了防止桥面在加载过程中向上隆起，在主、次跨的中点处分别设置 1 对拉索，并将拉索拉至桥墩的中间位置。为了保证主跨的稳定性，在主跨桥面的 2 根主梁下部设置张拉结构。为了保证桥面在水平面上的稳定性，减少材料消耗，将桥面主梁与次梁的连接点设计在主跨侧主梁的四等分点和次跨处主梁的二等分点处(见图 1)。

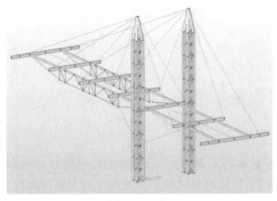

图 1　模型 1

②模型 2

在桥梁满足承载能力要求的前提下，模型 2 的桥柱和桥塔为矩形截面箱形构件。考虑到模型 1 中的拉索数量过多，距离桥面两端较近处的几根拉索实际上未能发挥作用，因此模型 2 仅在主、次跨的两等分点处设置拉索。为了增强主跨的稳定性，增加主梁下部张拉结构斜向支撑构件的数量，并在悬挂砝码的部位加密张拉结构中的撑杆。为了保证次跨的稳定性，在次跨桥面的下部全跨范围内设计张拉结构。为了保证桥面的稳定性，在桥面设置平面斜撑。此外，模型 1 存在一定的偏载且小车行驶过程中存在严重的车道下陷问题，导致小车无法正常通行。为此，我们将桥面主梁与次梁的连接点设计在次梁的偏外侧并增加次梁数量，以避免偏载作用下小车失稳的问题，保证小车平稳运行(见图 2)。

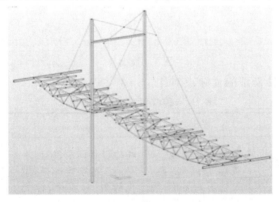

图 2　模型 2

③模型 3

根据赛题要求，为了减轻桥梁自重，模型 3 取消了桥塔和桥面上部的拉索。桥墩为箱形截面构件，并且仅在主跨的中点处分别设置 1 对拉至桥墩中部的拉索。为了保证主跨的稳定性，在主、次跨桥面的 2 根主梁下部分别设置张拉结构，该张拉结构最下侧的张拉面为水平。模型 3 在桥面内设计了若干个 X 形拉条以替换原来的斜撑杆，在保证整体稳定性的同时也对车道起支持作用,保证小车平稳通行(见图3)。

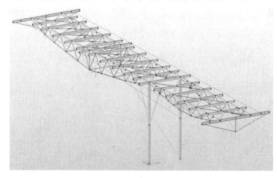

图 3　模型 3

④模型 4

为了保证桥梁具有足够的承载能力、增强桥面的稳定性,将模型 4 的主、次跨张拉结构的张拉面设计为圆弧状,以改善张拉效果。增加 1 对主跨桥面的下部拉索,以增强桥面竖直方向上的稳定性。为了改善桥墩的受力形式,将该拉索从桥墩底部拉至桥面的四等分点处,并且在桥墩的中部设计 1 根拉至次跨的下部拉索,以平衡桥墩中部拉至主跨的拉索对桥墩产生的剪力。考虑到小车在不同位置的结构变形差异,为了使小车的行驶更加平稳,模型 4 修改了平面 X 形拉条布置的位置(见图4)。

图 4　模型 4

表 1 中列出了 4 种模型的优缺点对比。

表 1　4 种模型的优缺点对比

模型	模型 1	模型 2	模型 3	模型 4
优点	结构承载能力强、外观设计美观、桥面结构简单	外观设计美观、承载能力强,桥墩、索塔形式简单,桥面稳定性较强	结构形式简单、桥面水平面上的稳定性强、做工简单、自重轻、传力简单	承载能力强、自重较轻、制作工艺简单、整体稳定性好、结构传力简单可靠、受力合理、现实可行度较高、做工简单
缺点	联系梁间距过大、小车行驶不稳、次跨稳定性略有不足、自重重、做工复杂、传力复杂、耗材多	自重重、做工复杂、传力复杂、索塔变形过大、偏载作用下拉索失效	主、次跨的桥面竖直方向上承载能力不足;两级加载桥面严重下弯;桥墩侧向受力不平衡;受剪力较大;变形较大	制作精度要求较高,不易掌控

总结:经综合对比,为了减小弹簧和重锤共同作用下所模拟的风荷载对结构的破坏,理论上模型1、模型2在结构受力上较为合适,但与实际的制作效果存在较大偏差:拉索在加载时几乎失效,未能达到理想效果;制作难度大、模型自重重;模型3相对模型4结构大致相同,但桥面结构强度不足,因此最终采用模型4的张拉结构,其在各种工况下都能保持受力达到平衡,最终确定的模型效果如图5所示。

图5　模型效果

47.丽水学院——坚如磐石(本科组三等奖)

(1)参赛选手、指导老师及作品

参赛选手	
徐达军 张　泓 李宗耀	
指导老师	
李旭平 胡长远	

(2)设计思想

根据赛题,竞赛共有两个阶段的加载,要求在小车、弹簧振动等动荷载作用下,模型不坍塌、小车不侧翻、砝码不掉落和桥梁不严重变形等。我们在认真研究赛题要求的基础上,查阅了国内外许多有关塔式拉索桥结构设计的资料,并作了充分的理论分析和大量合理的试验,利用集成竹杆良好的柔韧性和抗拉能力,结合塔楼模型在实际使用时应具备的功能和美观性,精心设计并制作了模型,并将其命名为"坚如磐石",顾名思义——如顽石一样坚硬、挺拔。

(3)模型方案设计

根据赛题要求,考虑材料特性和荷载分布情况,我们对不同桥梁结构体系的受力特点进行了对比分析,拟定斜拉桥和张弦梁两种结构体系为可选方案。在备赛过程中,我们对以上两种结构体系进行了详细的理论计算和试验对比分析。

①模型 1

模型 1 的塔体部分为三角形空心管,空心管由 4 根截面尺寸为 1 mm×6 mm 的竹条组成。整个桥梁模型所承受的力均会传递至三角形桥墩上,该结构整体性强、稳定性高,具有较强的承载能力。此外,为承担桥面荷载,桥面下方各有 1 根截面尺寸为 2 mm×2 mm 的竹条,用绳子将竹条与桥面连接,起到固定桥面,并把荷载传递至三角形桥墩的作用。为了保证桥面荷载能均匀地传递至长跨和短跨两边,桥面由截面尺寸为 1 mm×6 mm 的竹条组成,而后用绳子与桥墩相连,荷载由绳子传递至桥墩,再由桥墩传递至底座,形成稳定的结构体系(见图 1)。

图 1 模型 1

②模型 2

模型 2 的主体结构分为桥墩和桥面两部分,桥墩为底面长、宽各 300 mm,高 680 mm 的立体等腰三角形,中间由 2 根空心管作为主要承重构件,左右两边一共有 4 根截面尺寸为 2 mm×2 mm 的斜拉细杆承受拉力,以保证桥墩 2 根空心管的稳定性。桥面由桥面板和 2 个不同大小的鱼腹式结构组成(短跨鱼腹结构长 600 mm,最高处为 90 mm),以承受桥面动、静荷载产生的弯矩,防止桥面发生弯曲、扭转和剪切变形。桥面板和桥墩通过胶水在距离桥面短跨 600 mm 和墩高 300 mm 处黏结,同时将桥墩顶部均匀分布的绳索捆绑在长跨和短跨桥面边缘刚性节点处,构成斜拉桥。桥墩和桥面板共同分担动、静荷载,以保证模型的安全性和稳定性(见图 2)。

图 2 模型 2

③模型 3

模型 3 的桥墩部分是由 4 根截面尺寸为 1 mm×6 mm 的竹条组成的空心管,另外还有起辅助作用的 2 根竹条,与空心管一起更好地将桥面所受荷载力传递至桥墩的主要受力构件上,从而使结构更加坚固。桥面荷载通过绳索传递至桥墩。此外,长跨采用鱼腹式结构,短跨采用加竹片的方式,增加了模型的刚度,保证桥面不会因为太大的变形导致小车掉落,或造成模型的坍塌(见图3)。

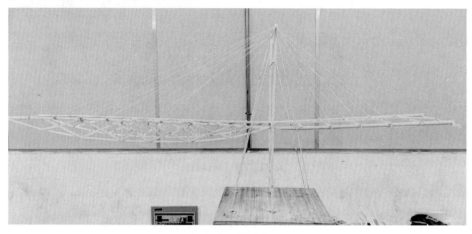

图3 模型3

表1中列出了3种模型的优缺点对比和自重对比。

表1 3种模型的优缺点对比和自重对比

模型	模型1	模型2	模型3
优点	桥面稳定	桥面稳定	自重轻且制作简单
缺点	自重重	制作较为耗时且自重较重	变形略大
自重/g	334	255	223

总结:经过大量加载试验,3种模型在动力荷载作用下均具有良好的强度、刚度和稳定性。但与前两种模型相比,模型3的自重相对较轻,且通过加载的成功率也较高,故选择模型3作为本次竞赛的结构模型。模型效果如图4所示。

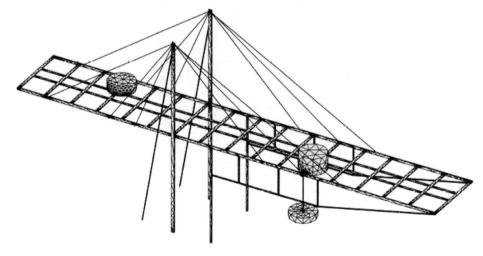

图4 模型效果

48.浙江水利水电学院——天涯海桥(本科组三等奖)

(1)参赛选手、指导老师及作品

参赛选手	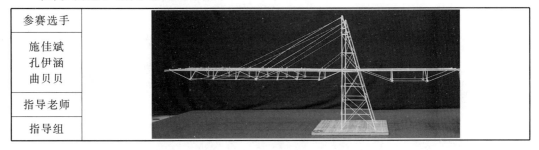
施佳斌 孔伊涵 曲贝贝	
指导老师	
指导组	

(2)设计思想

根据赛题要求,我们通过查找斜拉桥与悬索桥的实际工程案例,从以下几个方面对结构方案进行构思,并结合所学进行大胆创新,使模型满足加载要求。

①结构体系

根据赛题的加载要求,我们在桥面的纵向上采用4根组合梁。其中,2根梁位于桥面外围,承担抗扭,并连接拉索;2根梁位于车道的轴线上,以保证小车平稳行驶。我们在桥面的横向上隔一定距离布置一段横梁,使荷载能够通过横梁传递至桥边缘,再通过桥边缘的拉索传递至索塔上。索塔整体采用三角形结构,以提升其稳定性。

②合理利用材料

考虑到棉蜡绳在受力后会产生塑性变形,因此在制作模型时,先将棉蜡绳进行拉伸,以减小变形,提高承载能力。细长杆适合受拉,截面惯性矩较大的组合杆适合用于受压与受弯截面。

(3)模型方案设计

①模型1

模型1的索塔主要采用2根受压柱,由于受压时中间的弯矩最大、最易破坏,因此受压柱截面采用中间粗两端细的外形,且顶部各拉2根拉索,以提升其稳定性。桥面下方采用桁架结构,以提升桥面刚度(见图1)。

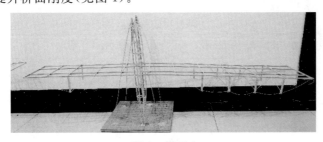

图1 模型1

②模型2

模型2的桥面采用矩形结构,桥面分成9个小跨,每个小跨用2根截面尺寸为1 mm×6 mm的竹杆纵向放置,且中间用几个小片连接,以提升其稳定性(见图2)。

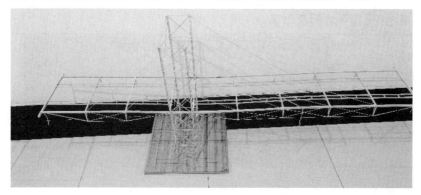

图2　模型2

③模型3

模型3的索塔采用三角形结构,靠近主跨的立柱采用工字形柱;靠近次跨的立柱采用L形柱,L形柱局部加小竹片以提升其稳定性。桥面梁尺寸为宽2 mm、高6 mm,中间镂空,在保证刚度的同时减轻了模型自重(见图3)。

图3　模型3

表1中列出了3种模型的优缺点对比。

表1　3种模型的优缺点对比

模型	模型1	模型2	模型3
优点	索塔造型新颖、承载能力强	桥面造型新颖	材料利用率高
缺点	索塔自重较重	索塔相较于三角形来说并不稳定,且桥面的材料利用率也不高	对制作工艺的要求较高

总结:经综合对比,我们选择模型3为最终方案(见图3)。

49.浙江工业大学——清辉夜凝(本科组三等奖)

(1)参赛选手、指导老师及作品

参赛选手	
朱宏青 王劲骁 杨腾中	
指导老师	
王建东 谢冬冬	

(2)设计思想

本赛题为"不等跨双车道拉索桥结构设计与模型制作",该结构需要承受竖向谐动偏荷载以及非对称移动荷载。因此,我们从荷载承重、桥体承载面、桥塔设计等方面对结构方案进行构思。

①荷载承重

根据赛题,可将荷载等效简化为竖向的非对称移动荷载恒力和挂点的竖向谐动荷载力。在静载的情况下,可以等效为以单车道的竖向荷载恒力为挂点的竖向谐动力。在设计桥面与拉索时,应先考虑桥体要承受竖向荷载且不会有太大形变;拉索在保证挂点不会外翻的同时,抵消大部分竖向谐动荷载力。

②桥体承载面

承载面上需要放置桥面板,要考虑桥面车道尺寸以及小车轮距等因素,合理设置主梁、次梁间隔。桥面下部需要运用合理的结构体系来提高桥面刚度和强度以承受竖向荷载。可以考虑将桥面做刚做硬来承受更多的力,也可以将桥面做的较柔,用拉条来承受更多的力。因此,需要用建模和实践来验证哪种受力体系更加合理。

③桥塔设计

桥塔的作用在于支撑桥面主体并与地面连接,桥塔顶端或者塔身处可以作为桥面拉索的拉点,将桥面上的各种荷载通过拉索、连接点等先传递至桥塔上,最终传递至地面,形成合理的受力体系。桥塔受力极其复杂,需要考虑轴力、剪力、弯矩、扭矩以及它们之间的共同作用。因此,在考虑力传递途径的同时,需要注意桥塔自身的强度与形变是否对力系结构产生影响。

(3)模型方案设计

①模型1

世界第一混凝土高塔桥贵州平塘特大桥的主桥采用整幅设计,为三塔双索面钢混组合梁斜拉桥。每个塔柱采用矩形空心截面,四角采用圆倒角。桥塔设置上、下两道横梁,截面采用矩形截面。有效提高结构体系的整体刚度是其结构设计的关键所在,设计采用空间索塔,并适当增加顺桥向中塔的刚度以提高三塔斜拉桥结构的整体刚度。

受该桥梁启发,模型1采用单个桥塔作为支撑,用塔顶两侧延伸出的拉索拉住桥面主体。根据赛题要求,该结构只允许有一处桥塔,因此该桥塔受到的竖向荷载较大,我们决定采用强度更高的格构柱作为桥塔主墩。由于受到净空限制,我们决定利用两车道之间的空间竖立桥塔主体,从顶端向桥面宽度方向两侧延伸出梭形结构作为悬挑,将梭形悬挑顶端作为拉索拉点,从而形成两面拉索体系。在实践过程中,我们发现短跨仅靠两面拉索无法承受竖向荷载,因此我们增加了第三面拉索并将其连接在主塔上。桥体长跨的下部采用圆拱张弦体系以增加桥面刚度,但该结构的缺点是自重较重且梭形悬挑顶端无法限位,使拉索无法完全拉住桥面,并且小车容易侧翻。

②模型2

模型2无背索斜拉桥是对常规斜拉桥造型的突破。常规的斜拉桥在桥塔两侧均有斜拉索,恒载作用下塔两侧斜拉索水平力可保持平衡,主塔仅在活载以及附加荷载作用下承受一定的水平力以及弯矩。无背索斜拉桥的塔身一般都设计成倾斜状,依靠塔身的自重力矩来平衡斜拉索的倾覆力矩,由此组成了梁塔结构的平衡体系。

在无背索斜拉桥的启发下,我们将桥塔改进为两面斜塔,桥身斜向长跨,从桥塔上进行等分,等分节点处作为拉索拉点。同时,桥面主体由次梁进行长度等分,与主梁交点处作为拉索桥面的拉点。短跨部分也设计类似的拉索,两侧拉索在桥塔处形成力系平衡,从而满足拉索桥的要求。由于桥面较为薄弱,在桥面主体下部设计了空间对角张弦,从而提高桥面强度以承受非对称、移动、竖向荷载。该结构的不足之处在于主梁正弯矩一部分通过拉索由桥塔倾斜产生的倾覆力矩来平衡,因此受力更为复杂,尤其是与主梁固结处,不仅要承受主梁的轴力、剪力、弯矩,还要承受扭矩以及它们之间的共同作用。因此,该固节点容易产生转动,由此产生转角致使拉索失效,破坏结构力系的平衡体系。

③模型3

自锚上承式悬带桥的受力结构特点为:主索悬带是主受力构件,整桥的竖向荷载由预应力索承担,桥面梁板结构既用于通车,又作为受压构件以平衡拱的水平力,且充分发挥了混凝土的抗压能力;中间的主柱排架作为次结构,用来减少跨度——整个结构自身锚固平衡。因此,材料利用率高且受力合理。

受该结构启发,模型3为上承式桥体。桥面在承重通车的同时,充分利用其功能。桥面下部采用微圆拱张弦预应力体系,用撑杆连接主梁抗弯受压构件和抗拉构件,形成自平衡体系以承受非对称移动竖向荷载和偏载侧的竖向谐动荷载。在长跨跨中、短跨跨中和靠近桥塔处用拉索连接桥塔顶端,以限制桥面变形与位移。在长跨跨中与桥塔和桥面交点处设计水平拉索,以防止小车侧翻并承受竖向谐动荷载。该结构的缺点是:若在张弦拱结构体系中使用预应力,受拉构件也可能会因为超出竹材自身的强度而被破坏,且桥面与塔体的连接处容易产生位移,导致水平拉索失效。

总结:综合对比以上模型,最终确定的模型效果如图1所示。

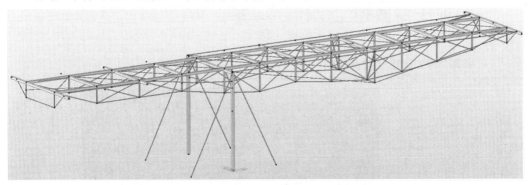

图1　模型效果

50.浙大宁波理工学院——慧之桥(本科组三等奖)

(1)参赛选手、指导老师及作品

参赛选手	
胡天乐 杨余迪 仲 菱	
指导老师	
查支祥 苏丹娜	

(2)设计思想

本赛题要求设计不等跨双车道拉索桥结构模型。考虑赛题的限制条件,尤其是不对称加载,同时考虑斜拉桥缺乏必要的平衡配重以及拱桥的制作难度,因此设计重点是连续刚构桥。此外,根据内力图特点,两跨均设计为鱼腹式结构。

(3)模型方案设计

根据以上结构方案思路,结合赛题要求,我们试做了 3 种模型,并对各项指标进行对比分析。

①模型 1

斜拉桥:结构简单,以桥塔与桥面纵梁之间的斜拉索承受行车荷载。

②模型 2

下承式带拉杆拱桥:通过吊杆将桥面荷载传递至拱肋,再通过拱肋将荷载传递至支座。

③模型 3

刚构连续桥:通过纵横向鱼腹适应内力变化。

表 1 中列出了 3 种模型的优缺点对比。

表 1 3 种模型的优缺点对比

模型	模型 1	模型 2	模型 3
优点	结构简洁、传力明确	结构受力合理	结构形式合理
缺点	斜拉索缺乏平衡配重	制作要求高	缺点不明显

总结:经综合对比,我们选择模型 3 为最终方案(见图 1)。

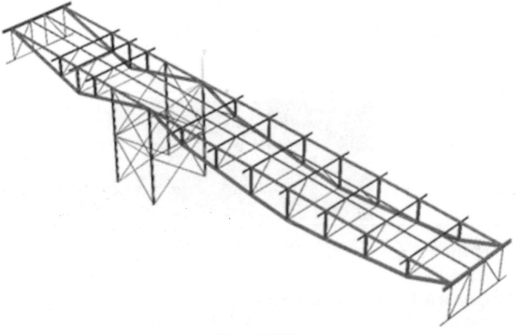

图 1　模型效果

51. 浙江海洋大学——天堑通途桥(本科组三等奖)

(1)参赛选手、指导老师及作品

参赛选手	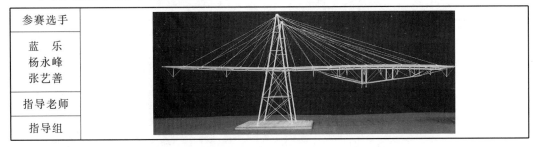
蓝 乐 杨永峰 张艺善	
指导老师	
指导组	

(2)设计思想

根据赛题要求,经过前期的模型试验,我们发现筒形柱桥主塔不仅能够承受模拟风荷载产生的竖向振动,而且还有较好的抗扭性能。在扭矩作用力较小时,不设置或者少量设置剪力撑的框架,结构体系变形不大。但在扭矩作用力较大时,结构体系将产生较大的变形。因此,合理布置剪力撑,提高结构刚度以限制其变形是必要的。基于以上分析,我们采用了增加杆件、重新设计截面的方式来加强结构刚度。

(3)模型方案设计

通过多次试验,我们对比分析了以下5种模型的优缺点(见表1)。

表1 5种模型的优缺点对比

模型	模型1	模型2	模型3	模型4	模型5
优点	桥塔刚度大、拉索变形小	自重轻	桥面承压能力强	桥塔较轻、桥面竖向承压能力较强	受力效果好、加载面承载稳定
缺点	桥塔过高、用料较多,自重过重	桥柱过柔导致桥面变形严重	矩形框稳定性差易弯曲	棉蜡线承拉不承压,小车易侧翻卡住	自重较重

总结:模型2和模型4虽然是我们认为的理想的结构,但是模型2若要增加桥柱刚度,则会导致结构自重过重;而模型4在加载时,桥面一侧变形过大,容易使小车行驶不稳,因此我们选择模型5作为最终方案,模型效果如图1所示。

图1 模型效果

52.浙大城市学院——畅通无阻(本科组三等奖)

(1)参赛选手、指导老师及作品

参赛选手	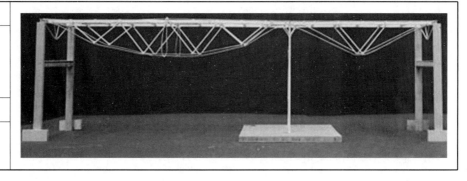
李 源 潘骏峰 覃藓杰	
指导老师	
黄英省 廖 娟	

(2)设计思想

根据赛题要求,考虑到结构模型所需承受的荷载情况以及竹材的材料性能,我们采用以张弦梁为主体,刚性构件上弦、柔性拉索和中间撑杆组成的混合结构体系。模型上弦梁采用具有较好刚度的箱形梁,柔性拉索由竹皮和棉蜡线组合而成,中间斜撑采用 T 形杆件进行连接。模型通过下弦拉索施加预应力,从而使上弦压弯构件产生反挠度;撑杆对上弦的压弯构件提供弹性支撑,从而提升模型结构的承载能力。

(3)模型方案设计

在模型方案设计时,我们发现影响斜拉桥结构各部分荷载效应的最根本因素是梁、塔、墩之间的组合方式,不同的组合方式产生不同的结构体系。在模型方案设计时,要充分考虑模型的结构体系布置、杆件位置选择、截面尺寸大小、桥面刚度、抗扭性能、桁架类型选择等问题。根据赛题要求,我们试做并对比了以下 3 种模型。

①模型 1

模型 1 采用斜拉桥结构形式,主梁创造性地使用了由截面尺寸为 1 mm×6 mm 的竹条和竹皮黏合而成的较轻的箱形主梁,梁下支撑杆采用矩形空心杆,梁下拉索采用棉蜡线和竹皮黏合的组合方式,上部拉索也采用同样的方式来提升拉索的抗拉强度。桥塔采用 A 形塔,此种结构体系能够大幅提高模型的刚度和稳定性,并将主要受力由拉索传递至桥塔上。

图 1 模型 1

②模型2

模型2同样采用了斜拉桥结构形式,不同的是主梁下面设置了斜杆式桁架,以提高桥面整体的刚度,减少变形。同时,对桥塔进行了局部加固设计,顶部设置了斜撑,以提高桥塔的刚度。对拉索也进行了重新设计,使桥塔受力更加均匀,避免应力集中。模型2的结构更加稳定,受力均匀、变形较小。

图2 模型2

③模型3

模型3借鉴了张弦梁体系和桁架体系进行设计。以张弦梁结构为主体,采用上下弦与斜杆式桁架组成的结构形式。上弦采用箱形梁,下弦采用抗拉强度高的竹皮加棉蜡线,中间通过斜杆式桁架撑杆连接以传递荷载,主梁之间通过T形梁连接。桥墩采用等面等肢的H形,两边采用斜撑支撑,大大减轻了桥墩自重。受力简单且结构稳定的张弦梁体系能够有效发挥拉索的受拉性能。因此,模型3整体受力均匀、变形较小。

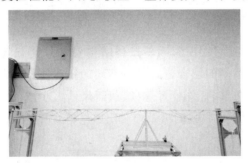

图3 模型3

表1中列出了3种模型的优缺点对比。

表1 3种模型的优缺点对比

模型	模型1	模型2	模型3
优点	结构体系承载能力强、制作相对简单	结构体系承载能力强、刚度大、变形小	结构体系简单、受力均匀、稳定性好、变形小、自重轻
缺点	桥面局部刚度有所不足	自重较重,不经济	制作要求精度较高

总结:综合对比3种模型的合理性、受力性能、承载能力、稳定性以及经济性等方面,我们选择模型3为最终方案,模型效果如图4所示。

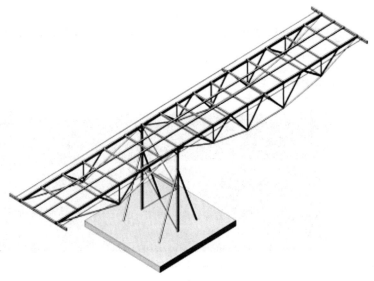

图 4　模型效果

53. 浙江万里学院——力挽狂澜（本科组三等奖）

（1）参赛选手、指导老师及作品

参赛选手	
王宇洋 赵建峰 王伟烨	
指导老师	
刘树元 沈一军	

（2）设计思想

本赛题为"不等跨双车道拉索桥结构设计与模型制作"，我们从索塔形式、拉索布置方式、桥面布置方式等方面对结构方案进行构思。

根据赛题要求，在模型的用材特性、加载形式和制作工艺等方面，我们采用竞赛组委会提供的截面尺寸分别为 2 mm×2 mm、3 mm×3 mm、1 mm×6 mm，长度为 930 mm 的 3 种集成竹作为结构原材料，502 胶水作为黏结剂，棉蜡线作为斜拉索。

对于结构模型，稳定性起着控制作用，包括整体稳定性和局部稳定性。因此，选择合理有效的结构受力体系对结构模型设计有着重要意义。由于本次竞赛重点考查的是不等跨双车道拉索桥的设计与制作，因此在设计索塔时，采用偏心三角索塔，偏向短跨方向，以此在受力方向上更加平衡。

在桥面设计中，我们主要考虑利用集成竹杆件受拉性能好、抗弯能力差、受压需要组合成柱的特点，使桥面在小车经过时，不会产生大的弯曲，将桥面纵坡和横坡均限制在 3% 范围内。

为了加强桥面刚度，使模型能够在 3+6 个砝码的组合下，承受砝码对桥面的压力，同时尽可能减轻模型自重，我们采用斜拉索的布置方式，并在桥面下方选择张弦结构，这不仅能够减轻采用桁架结构带来的附加重量，还能增加桥面刚度。同时，对斜拉索和张弦结构的索施加预应力，以控制桥面刚性构件的弯矩大小和分布；通过支座和撑杆，使桥面产生负弯矩，增加桥面的承载能力。

（3）模型方案设计

在模型方案设计中应该合理布置结构构件，使得截面获得相对较大的截面惯性矩，发挥材料的最大受力性能。通过不同的结构模型对比，我们得到了以下两种结构模型。

①结构模型 1

模型 1 的主墩采用竖直杆件组合而成的偏心三角桁架索塔作为主要的承重构件，用棉蜡线作为斜拉索拉住桥面。通过绳索传力至索塔,支撑小车和砝码对桥面的竖向重力荷载。为了使索塔体系具有更强的稳定性,分别在四面各增加两个斜杆,从中间向两侧贯穿索塔,并连接各个竖杆,对各个竖杆形成约束,使模型形成超静定结构,从而具有更强的稳定性。桥面则利用横杆和斜杆进行整个桥面的铺装,为了保持桥面刚度,使小车能够正常行驶,在长跨方向的下方采用平面张弦结构,用绳索连接至索塔并施加预应力,产生负弯矩,以增加桥面的承载能力和刚度。同时,斜拉索也对桥面施加预应力,使桥面整体的刚度增加。

②模型 2

模型 2 的主墩采用由竖直杆件组合而成的对称式的三角桁架索塔作为主要承重的构件,用棉蜡线作为斜拉索拉住桥面。通过绳索传力至索塔,支撑小车和砝码对桥面的竖向重力荷载。桥面则利用横杆和斜杆进行整个桥面的铺装,且桥面采用立体桁架结构以增加其刚度,整个桥面与索塔都是刚性连接,整体性更强。表 1 中列出了两种模型的优缺点对比。

表 1　两种模型的优缺点对比

模型	模型 1	模型 2
优点	自重轻、刚度大	刚度大
缺点	易发生弹性失稳	自重重

总结:综合对比模型 1 和模型 2,我们选择模型 1 为最终方案。

54.嘉兴学院——初心大桥(本科组三等奖)

(1)参赛选手、指导老师及作品

参赛选手	
雷　强 夏　杰 柴小棒	
指导老师	
指导组	

(2)设计思想

根据赛题加载步骤和施加荷载的特点进行分析可知,拉索桥结构需具有足够的受拉、受压、受弯、受剪和受扭承载能力,同时应具有较好的刚度和稳定性。因此,我们基于拉索桥结构方案进行设计,选择最优参赛模型。

模型主要分为索塔、主梁和拉索三部分,在满足赛题要求和拉索拉力足够的情况下,尽可能缩短索塔高度,减少材料用量。

模型加载处主要受压力和拉力,这两个力会使整体模型受压、受弯、受剪和受扭。因此,设计时应使整体模型具有抵抗上述受力状态的承载能力,应加强主要受力构件。

模型在加载过程中会产生弯曲变形和扭转变形等,因此模型应具有较好的抗弯刚度和抗扭刚度。在设计时,索塔的4根柱子可采用方管截面,同时增加侧向交叉拉杆和水平刚性杆以增强索塔的抗扭刚度;桥面主要受弯、受扭、受拉,同时小车在行驶过程中经过障碍物时会产生一定的冲击力,因此在设计时要保证桥面具有一定的刚度;拉索形式具有多样性,需根据实际模型合理搭配。

通过对模型传力路径的分析和模型试验,确定所需的主要受力构件,减少杆件数量,并对主要受力构件截面形式和尺寸进行对比和优化,以减轻模型自重。

考虑模型制作难易程度和可靠性,尽可能选择制作简单和可靠性强的结构方案。

(3)模型方案设计

根据上述设计构思,我们进行了多种方案的设计制作以及模型试验,不同模型方案的对比如下。

①模型1

模型1的索塔采用三角形式,桥面主梁采用矩形截面,以棉线作为拉索(见图1)。

图1 模型1

②模型2

模型2的索塔采用矩形形式,桥面主梁采用工字形截面,拉索采用拉杆(见图2)。

图2 模型2

③模型3

模型3的索塔采用三角形式,桥面采用桁架形式,拉索采用拉杆(见图3)。

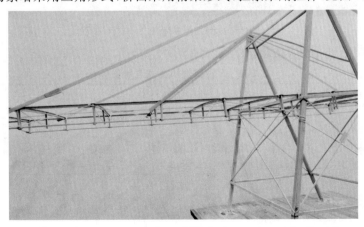

图3 模型3

④模型4

模型4的索塔采用三角形式,桥面主梁采用工字形截面,拉索采用拉杆+局部桁架(见图4)。

图4　模型4

⑤模型5

模型5的索塔采用梯形形式,桥面主梁采用工字形截面和T形截面,桥下局部区域采用桁架结构,拉索采用拉杆(见图5)。

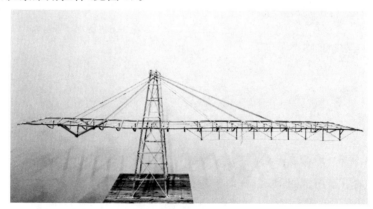

图5　模型5

表1中列出了5种模型的优缺点对比。

表1　5种模型的优缺点对比

模型	模型1	模型2	模型3	模型4	模型5
优点	传力路径明确、桥面平整度好	制作简单、传力路径较明确	传力路径较明确	承载能力、刚度和稳定性好,加载过程中拉杆整体受力	承载能力、刚度和稳定性好,传力路径较明确
缺点	棉线拉力不均匀,加载过程中部分棉线不能提供拉力,自重重	抗扭承载能力和刚度弱,且稳定性差	桥面刚度不足、制作过程复杂	桥面局部刚度不足	构件数量较多

 总结:综合对比以上 5 种模型方案,考虑到两级加载是在偏载侧进行的,模型整体需要具有足够的抗扭和抗弯刚度,以防止变形过大而发生破坏,因此模型 2 和模型 3 不合适;模型 1 在加载过程中出现部分棉线不能提供拉力,导致拉力减小,无法满足承载能力的要求,因此模型 1 不合适;模型 4 的承载能力、刚度和稳定性较好,但桥面局部的刚度不足;模型 5 的构件数量较多,但相对于模型 4 其整体的承载能力、刚度和稳定性更好,因此最终选择模型 5。

55. 浙江大学——盘丝索桥(本科组三等奖)

(1)参赛选手、指导老师及作品

参赛选手	
张子妍 蓝　逸 周丹妮	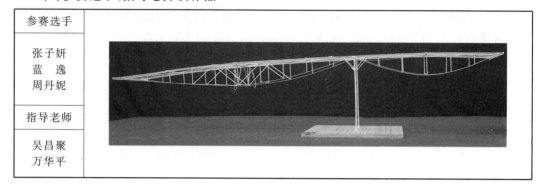
指导老师	
吴昌聚 万华平	

(2)设计思想

本赛题为"不等跨双车道拉索桥结构设计与模型制作",我们从模型尺寸要求、构件结构和制作难易程度等方面对结构方案进行构思。

①模型尺寸要求

根据赛题要求,模型可合理利用桥面基准面下方 100 mm 的范围制作张弦梁,以增强桥面抗弯性能;利用下部主墩支撑点左右各 50 mm 的范围制作斜撑杆。

②构件结构

综合考虑重量、稳定性、刚度等问题,采用 T 形结构作为桥面侧边;桥面中间横梁从一开始的工字形改为 T 形,最后减到单根截面尺寸为 1 mm×6 mm 的竹条。不断改进棉蜡线的绑法,平衡桥面重量和承载能力。通过适当加长支撑杆给张弦梁预加拉应力,增强桥面侧杆的刚度,强化张弦梁的作用。在一级加载过程中,张弦梁能在减轻桥梁自重的同时呈现较好的承载能力。此外,绑线过程可能会造成桥面弯扭,采用对称绑法则会避免此类情况。

③制作难易程度

尽量采用整体结构,减少竹条间的对接。借助画图软件获取各边,尤其是斜边的长度。根据获得的数据,在制作前准备好所需材料,并在特定位置做好标记,确定制作顺序,合理分工,方便后续制作的开展。

(3)模型方案设计

①模型 1(见图 1)

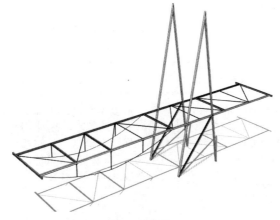

图 1　模型 1

②模型 2(见图 2)

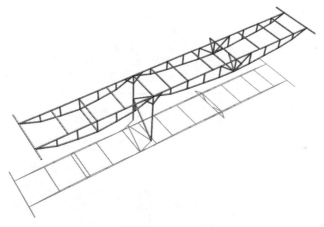

图 2　模型 2

③模型 3(见图 3)

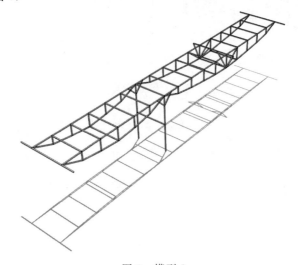

图 3　模型 3

表 1 中列出了 3 种模型的优缺点对比。

表 1 3 种模型的优缺点对比

模型	模型 1	模型 2	模型 3
优点	桥面由两条 C 形梁组成整体结构,两侧 C 形梁间横置数条工字形梁并使用竹条组成米字形结构保证桥面水平的刚度,减轻小车在梁间的下陷程度;主跨桥面两侧 C 形梁下采用张弦梁结构,保证双车道结构对称并提高主跨部分的承载能力	缩短桥面两侧梁间距,桥面水平且使两侧梁分别位于加载小车的中轴线位置附近;梁间部分系绳代替原米字形结构竹条,去掉原索塔,改用桥面下拉索结构,减轻桥梁自重	进一步缩短桥面两侧梁间距;桥面两侧梁采用 T 形结构,磨削张弦梁底部杆件,减轻桥身自重;对张弦梁部分施加预应力,提高张弦梁的强度
缺点	桥面两侧 C 形梁间横置数条工字形梁以及米字形结构竹条,增加桥身自重;三角形主墩/索塔制作难度较高	缩短桥面两侧梁间距后,小车行进的稳定性下降,略微偏离中线,易发生侧翻;梁间部分系绳代替原米字形结构竹条,加载时变形内陷较严重;去掉索塔后,对桥面下拉索(张弦梁)结构强度要求更高,张弦梁部分自重较重	桥面两侧梁采用 T 形结构,刚度、抗扭能力下降,加载时桥面纵向变形以及侧向偏转角度较大;重锤悬挂处突出的两侧 T 形梁距离较大,产生较大力矩,桥面侧向偏转角度较大

总结:经综合对比,我们选择模型 3 为最终方案,模型效果如图 4 所示。

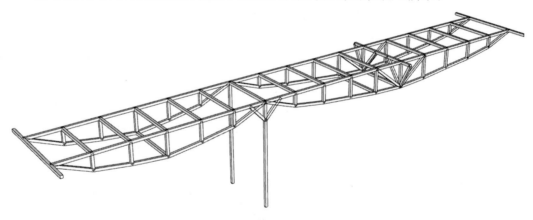

图 4 模型效果

56.金华职业技术学院——马上就好(高职高专组三等奖)

(1)参赛选手、指导老师及作品

参赛选手	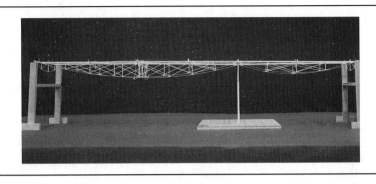
吴思倩 沈逸妙 余晗日	
指导老师	
赵孝平 蒙　媛	

(2)设计思想

本赛题为"不等跨双车道拉索桥结构设计与模型制作",加载方式为外挂砝码与小车偏载,重点考查结构体系的抗弯扭组合变形性能与抗倾覆能力。因此,我们重点从结构抗弯、抗扭、抗倾覆性等方面对方案进行构思。此外,在满足通行要求的前提下,应尽量利用下部以及横向空间进行设计。

抗弯方面采用鱼腹式桁架梁,在有利于抗弯的同时增加结构的竖弯刚度,上弦杆受压、下弦受拉满足"拉索"的题意要求。

在行车道和车轮位置不变的前提下,改变主梁的位置关系来调整横向分布系数,一方面可以减少纵梁的数量,另一方面可以调整结构的抗倾覆能力。

通过把横断面设置成闭口截面的方式来增加扭转刚度以解决抗扭问题。

充分利用材料性质,分析各构件受力状态,根据受力特点将不同构件设计成不同的截面形式。

(3)模型方案设计

按照上述思路,我们初步拟定了以下3种模型方案。

①模型1

模型1是缆索支撑体系,拥有两个索面,对提高结构体系的抗扭能力有较大帮助。通过设置较多的横梁,减短纵梁的跨径,从而有效减小纵梁的截面尺寸。但该模型在制作时,需要对每根索都施加大小不同的预应力以精准控制成桥线形,手工制作难度较大。受赛题制作空间的限制,双索面斜拉桥横向设计的空间有限。

②模型2

模型2的受力比较简单,可以充分利用桥面以下空间从而提高结构整体的竖弯刚度、扭转刚度,也可以通过调整顺桥向纵梁的位置,充分进行横向设计,调整横向分配系数,减少纵梁的数量。该结构手工制作的难度较小。在移动荷载作用下,不同位置截面的弯矩不同,因此对截面的抗弯刚度要求也不同。若采用等高结构,其材料的利用效率较低。

③模型 3

模型 3 可以充分利用桥梁的下部空间,增加结构整体的竖弯刚度和扭转刚度,横向设计比较方便。通过优化调整横向分配系数,可以控制纵梁数的量和截面尺寸。结构下弦为二次抛物线,立面几何形状与弯矩图形状相符,材料的利用效率更高。但制作略微复杂,下弦与腹杆节点为不规则节点,加工难度较大。

表 1 中列出了 3 种模型的优缺点对比。

表 1 3 种模型的优缺点对比

模型	模型 1	模型 2	模型 3
优点	抗竖向弯曲能力强,有一定的抗扭能力	竖弯刚度、扭转刚度较大,横向设计空间充足、制作难度小	竖弯刚度、扭转刚度较大,横向设计空间充足、材料利用效率高
缺点	调索复杂、横向设计空间有限、制作难度大	截面高度与弯矩图形不匹配、材料浪费	制作稍微复杂一些

总结:综合对比以上 3 种模型,并考虑弯扭刚度、抗倾覆性能及材料利用效率,我们选择模型 3 为最终方案。

57. 温州职业技术学院——鹤徘徊(高职高专组三等奖)

(1)参赛选手、指导老师及作品

参赛选手	
申屠斯翰 吴凌峰 卢成伦	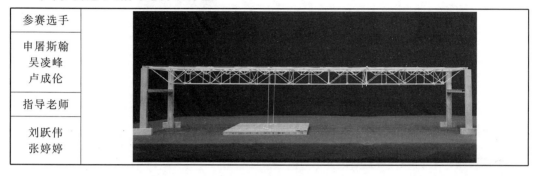
指导老师	
刘跃伟 张婷婷	

(2)设计思想

控制变形是本次竞赛的难点。普通桥自重重,车载相对小;恒载变形可通过制作消除。而本次竞赛桥轻车重,车载变形大。由于端支座没有锚点,做自锚悬索桥不经济。绳索刚度很小,使用棉蜡线做悬索或斜拉不能发挥其承载能力。

表1中列出了普通桥和竞赛桥在重量、支座、变形、制作、索刚度等方面的对比。

表1　普通桥和竞赛桥的特点对比

类别	普通桥	竞赛桥
重量	桥重车轻	桥轻车重
支座	一般有锚点	无锚点
变形	车载变形小	车载变形大
制作	可消除恒载变形	难以考虑制作调整
索刚度	钢索刚度大	棉蜡线刚度小

针对上述问题,我们的解决办法如下。

①变形锁定

用拉索给整个桥施加一个预荷载和预变形,拉索固定在底板上,不加载时该预荷载存在,加载时该预荷载消失。因此,桥梁安装完成后,通车时桥面变形很小,此即为变形锁定。

②自平衡

用自平衡的张弦梁做主结构。

③无柱

通过预加载获得比较大的张弦梁起拱量,使取消柱成为可能。

最终确定的模型效果如图1所示。

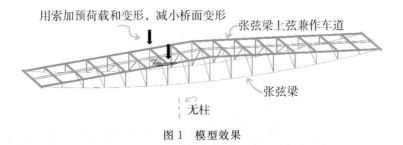

图 1　模型效果

58. 浙江建设职业技术学院——拜弗斯特桥（高职高专组三等奖）

（1）参赛选手、指导老师及作品

参赛选手	
盛雄杰 解　峰 邝逸铭	
指导老师	
指导组	

（2）设计思想

根据赛题要求，我们的初步想法是先探索两跨桥体系，然后逐步把支座弱化，以寻求最佳荷重比方案。双车道拉索桥结构需要承受两种类型的荷载：一种是自重与砝码产生的竖向荷载，另一种是小车在行驶过程中时刻变化的移动荷载。后者可以根据最不利荷载位置确定瞬间受荷状态来计算。结合模型的受力性能、加载特点、模型刚度、荷载分布、动荷载作用特点、拉索受荷特征等方面，我们对结构方案进行了构思。

根据赛题要求，我们从常规思路出发，制定了最简洁的模型。通过破坏试验，了解结构体系的性能。我们采用单根空心柱作为斜拉桥的主塔结构，为了保证单柱的稳定性，设置多道拉索锚固至底板；采用桁架作为桥面，桥面杆件布置根据车道桥面的搁置位置来设计，在重锤作用处采用鱼腹桁架来增加结构的局部刚度。通过试验发现，该结构体系虽然自重较轻，但桥面刚度过小导致小车无法顺利通行，桥面的变形直接导致主柱破坏。

为了解决桥面刚度不足的问题，我们把桥面改成了张弦梁结构，利用棉蜡线发挥索的作用；同时为了减小桥面挠度，采用中部支座的宽度较大的 X 形主柱结构体系，以增加独柱支座的稳定性。但该结构体系由于竖向杆件的倾斜，较难平衡上部拉索的水平力，主柱较容易破坏，且自重较重。因此，我们进一步对主柱的大小、形式、桥面布局进行改进。

经过大量的模型加载分析，我们尝试了格构 A 形柱体系。中部支座处采用稳定性较强的格构 A 形柱，A 形柱上部之间用杆件连接保证了一定的空间变形能力，A 形柱下部添加了桁架，保证此处主塔的侧向刚度，A 形柱支座在限制条件下做宽，为桥面提供了较强的支撑。该结构型体系完全可以承受一、二级加载，且自重大大减轻。

（3）模型方案设计

根据赛题要求，我们试做了如下 X 形结构体系、独柱结构体系和格构三角柱体系的模型。通过优化模型比例、构件尺寸、拼接方式，对比拉索的设置方式，最终确定了格构三角柱结构体系。

①模型1(见图1)

图1 X形结构体系

②模型2(见图2)

图2 独柱结构体系

③模型3(见图3)

图3 格构三角柱结构体系

表1中列出了3种模型的优缺点对比。

表1 3种模型的优缺点对比

模型	模型1	模型2	模型3
优点	刚度大、桥面变形小	自重轻、耗能减震	传力直接有效、制作简便、耗能减震、模型轻巧
缺点	自重重、柱子稳定性差	减重难、成功率低	节点制作要求高

总结:经综合对比,模型3具有较好的经济性和力学性能,最终确定模型3为参赛模型。

59. 金华职业技术学院——勇敢的小车(高职高专组三等奖)

(1)参赛选手、指导老师及作品

参赛选手	
朱博豪 孙佳豪 吴靖昊	
指导老师	
赵孝平 李卫平	

(2)设计思想

本赛题为"不等跨双车道拉索桥结构设计与模型制作",分主次两跨,桥面上有 2 辆相向行驶的小车,通过重锤和弹簧体系模拟风力作用下引起桥梁结构的竖向振动;通过桥面板上的障碍物使小车产生竖向振动荷载,以检测模型结构体系的安全性和可靠性。在确保拉索桥结构安全可靠的同时,还要合理控制结构制作时的材料用量。因此,我们从结构承载能力和材料用量控制等方面对结构方案进行构思。

①结构承载能力

模型结构需要具有足够的承载能力,才能确保在两个阶段都能加载成功。桥梁结构在承受小车和重锤竖向静荷载的同时,还要先后承受重锤和弹簧体系引起的竖向振动和小车行驶过程中产生的竖向振动荷载。因此,结构在满足竖向静荷载作用的同时,还必须承受相应的竖向振动荷载。根据赛题要求,最常见的方案就是采用斜拉桥或悬索桥的形式,将荷载传递至索塔或桥梁两端的索锚上。通过合理设计索塔和拉索形式,保证结构的承载能力和稳定性。

②材料用量控制

在满足承载能力和变形要求的前提下,要尽可能控制模型结构的材料用量。这就需要我们在设计结构时,不断优化结构体系、减少构件数量、调整主要构件的截面尺寸、简化支撑体系。尽可能多地采用拉杆,并减少压杆数量,材料用量的控制效果最为明显。同时,合理控制压杆长细比、缩小压杆的截面尺寸或改变立柱的截面形式,如将正方形截面改为三角形截面、T 形截面等,都能起到控制材料用量的作用。材料用量的减少会直接导致结构承载能力减小或变形增大,而通过模型制作和加载试验验证方案可行性往往需要大量的时间和精力,此时结合有限元软件分析能起到事半功倍的效果。

(3)模型方案设计

①模型 1

模型 1 为横桥向 Y 形桥塔斜拉桥,即在主墩设置一个 Y 形塔柱,通过辐射状拉索拉起桥梁主跨和次跨加劲梁,以支撑桥面结构。Y 形塔柱高出桥面约 300 mm,满足桥面净空要求。主跨设置 3 对拉索,次跨设置 2 对拉杆连接到塔柱顶部。同时,为保证 Y 形塔柱稳定,两侧分别采用 2 根地锚固定在底板上。

②模型 2

模型 2 为带挂梁的 T 形刚构桥,由桥墩向两侧伸出的悬臂梁和简支挂梁结合而成。梁墩固结段采用斜拉结构承受负弯矩,简支挂梁采用鱼腹式桁架梁桥承受正弯矩。该结构能大幅度减小简支挂梁的跨径,提高结构体系的刚度。

③模型 3

模型 3 为鱼腹式桁架桥,其充分利用下弦拉索承重,传力路径更为清晰。同时,桥面以上无任何构件,避免了桥面净高限制的影响,更有利于横桥向结构的设计。

表 1 中列出了 3 种不同模型的优缺点对比。

表 1 3 种不同模型的优缺点对比

模型	模型 1	模型 2	模型 3
优点	较好地满足承载能力和变形要求,制作简单	能满足承载能力和变形要求,相比模型 1 自重减轻较明显	能较好地满足承载能力和变形要求,且模型自重最轻
缺点	受扭能力略差、模型自重较重	梁墩固结段拉索效率低、加载成功率不高	制作工艺要求高

总结:综合对比以上 3 种模型,模型 3 结构合理,充分利用拉杆作用,较好地满足了承载能力和变形要求,同时模型自重较轻,是比较理想的模型结构方案。

60. 浙江宇翔职业技术学院——和谐银桥(高职高专组三等奖)

(1)参赛选手、指导老师及作品

参赛选手	
王依波 项志轩 王钰树	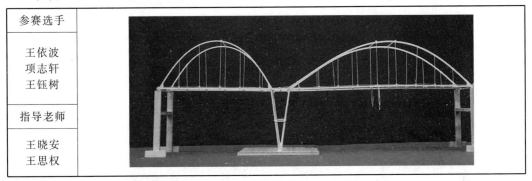
指导老师	
王晓安 王思权	

(2)设计思想

根据赛题要求,我们从造型设计、结构原理等方面对结构方案进行构思。

①造型设计

大面积运用弧形的几何元素。如桥柱设计使桥身比例更加协调、美观,竖直的拉索与桥柱相呼应,也使造型更加具有整体性。此外,外弧形设计为原本平淡的桥模型增添了几分观赏性,也更加贴近生活实际。

②结构原理

模型为超静定结构,加设一定的预应力,可以有效预防杆件和绳子因变形过大而失稳。拉索两端分别固定在桥面与拱形桥柱上,而拱形桥柱支撑于桥墩上,使桥面上下受力均衡,桥身美观坚固。经过多次探讨,我们决定结合中式传统拱桥的特点,设计新式桥型。

(3)模型方案设计

①模型 1

模型 1 是以缆索为承重构件的斜拉桥,由一个桥塔将主缆架起,成为主要承力构件,由斜拉索给桥面提供拉力,由桥塔进行支撑,以减少桥面变形。

②模型 2

模型 2 是拉索拱桥,吊索、拱肋和系杆主要承受拉索拉力,同时在吊杆拱脚处存在巨大的水平推力。桥墩承受垂直于底板的压力,拉索拱桥桥墩采用等腰梯形的设计,能将桥所受力更好地传递至底板,起到良好的支撑作用。拱桥是外观形式最为多姿、活泼的桥型,桥面可在拱形以下、以上或穿过其中。

表 1 中列出了两种模型的优缺点对比。

表 1　两种模型的优缺点对比

模型	模型 1	模型 2
优点	桥塔连接两端为桥面提供拉力,减少桥面变形,同时加强桥面载重能力,保证桥的安全性;材料用量少,大大降低成本	拱桥在竖向荷载作用下,支承处不仅产生竖向反力,而且还产生水平推力;拱的弯矩比相同跨径的梁的弯矩小很多,而使整个拱承受主要压力
缺点	斜拉桥对塔架的牢固程度方面要求很高	拱桥制作难度大,自重也较重

总结:经综合对比,最终确定的模型效果如图 1 所示。

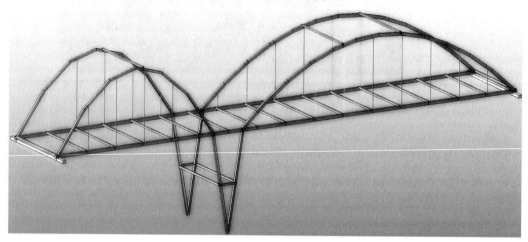

图 1　模型效果

61.绍兴职业技术学院——小兰卡威天桥(高职高专组三等奖)

(1)参赛选手、指导老师及作品

参赛选手	
王彦皓 冯 栋 张章禹	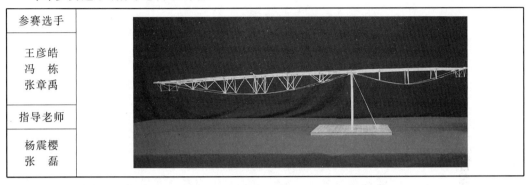
指导老师	
杨震樱 张 磊	

(2)设计思想

在整个设计和模型制作过程中,我们考虑了斜拉桥结构体系和张弦梁结构体系。考虑到桥梁两侧的下压板设置,以及简支桥梁均布荷载作用下,弯矩图呈抛物线形状的实际情况,桥梁中部需要具备更大的抗弯刚度,而两侧的抗弯刚度可以局部减小。经过反复的理论和试验验证,我们最终选用了张弦梁式桁架结构。该结构体系的下弦杆呈抛物线形状,跨中抗弯刚度大,支座处抗弯刚度较小,受力性能更为合理。在加载试验中,该结构体系也表现出了优异的承受静载和移动荷载的能力,并且自重较轻。

为了使构件设计和计算简便实用,保障构件的强度、刚度、稳定性,并同时兼顾材料使用的经济与合理,我们从承载能力极限状态、结构高宽比、抗侧刚度比等方面对结构方案进行构思。

(3)模型方案设计

①模型1(斜拉索结构体系,见图1)

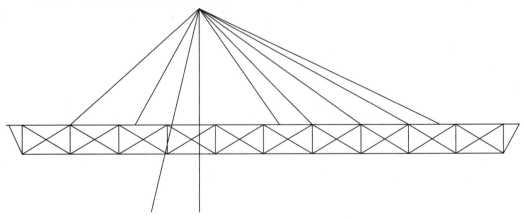

图1 模型1

②模型 2(张弦梁结构体系,见图 2)

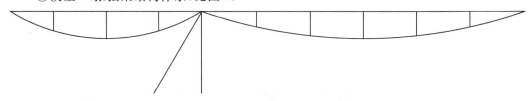

图 2 模型 2

表 1 中列出了两种模型的优缺点对比。

表 1 两种模型的优缺点对比

模型	模型 1	模型 2
优点	结构安全系数高	结构体系精简
缺点	自重重	安全冗余度低

总结:经综合对比,两种模型各有优缺点。但是结合竞赛对模型尺寸的要求,充分考虑一、二级加载的特点,经过数次试验验证,我们选择模型 2 为最终方案。

62.浙江长征职业技术学院——百丈桥（高职高专组三等奖）

（1）参赛选手、指导老师及作品

参赛选手	
李柳金 陈朝彬 尉佳妍	
指导老师	
杨　蕊 贺　文	

（2）设计思想

本赛题为"不等跨双车道拉索桥结构设计与模型制作"，我们根据材料特性和受力特点，精心设计制作了"百丈桥"结构模型，该模型为不等跨斜拉桥结构。

模型主要承受小车的竖直荷载和重锤荷载，较容易满足小车移动的要求。但是重锤的突然下降对结构刚度的要求较高，同时要求结构有较强的抗剪能力，具体构思如下：①利用空间桁架结构和桥身连成一体，抵抗荷载和重锤荷载作用；②尽可能地使用空间桁架结构来提高桥的稳定性和承载能力；③利用竹材的抗拉性能以及抗压性能来抵抗荷载的作用。

（3）模型方案设计

按照赛题要求，在制作过程中，我们对3种模型进行了试验。重锤位置需要承受较大的荷载，必须考虑动荷载的作用。因此，我们选择了桥身整体桁架构造截面，并且利用工字形梁和斜拉的棉蜡线形成整体，使结构具有较好的整体性，以承受较大的动力荷载。

①模型1

模型1依靠材料的刚度来抵抗小车的荷载和重锤的动荷载，因此材料耗费比较多（见图1）。

图1　模型1

②模型2

模型2依靠桁架的整体刚度来抵抗小车的荷载和重锤的动荷载,因此材料耗费比较多(见图2)。

图2　模型2

③模型3

模型3依靠桁架的整体刚度来抵抗小车的荷载和重锤的动荷载,材料耗费比较少、结构稳定、变形小(见图3)。

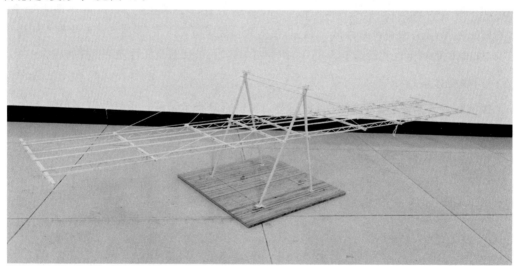

图3　模型3

表1中列出了3种模型的优缺点对比。

表1　3种模型的优缺点对比

模型	模型1	模型2	模型3
优点	刚度大	自重轻	自重轻
缺点	自重重	变形大	制作要求高

总结:经综合对比,模型 3 的自重轻,而且结构比较稳定,最终确定的模型效果如图 4 所示。

图 4　模型效果

63. 浙江建设职业技术学院——二仙桥(高职高专组三等奖)

(1)参赛选手、指导老师及作品

参赛选手	
任臣杰 周暄雯 唐一帆	
指导老师	
指导组	

(2)设计思想

本赛题为"不等跨双车道拉索桥结构设计与模型制作",桥梁模型结构形式限定为拉索桥(即以拉索为主要承重构件的预应力桥梁结构体系),同时桥梁模型须体现以拉索为主要承重构件。根据赛题要求,我们在设计过程中结合模型的受力性能和加载特点,考虑模型刚度、荷载分布、桥面结构跨度对桥梁结构方案进行构思迭代。

根据对桥梁的日常认知,我们从常规思路出发,制定了以 A 形为主柱(上小下大)、结构由空心方柱和 T 形梁为主要承重构件的结构体系,竖杆和桥面下部的张弦拉索的设置方式参考实际工程。经试验发现,该结构体系可以完成两级加载,但是桥面刚度过大且自重过重,各节点的制作时间较长,无法满足我们对模型轻量化的要求。

为了减轻结构的整体自重,我们进行了桥面以及下端张弦的优化——减少底部竖杆,更换桥面横向和纵向 T 形梁,使得桥面刚度有所下降,桥面自重稍有减轻。后期通过改进并试验,该结构完全可以承受两级加载,且自重大大减轻。因此,我们决定减少竖杆用量,并对桥面内部的 T 形梁即承载构件继续进行优化减重。

根据赛题要求,我们对没有主墩的桥面承重结构进行了探索研究。我们通过试验发现无柱墩的桥面由于少了中间支座,导致桥跨净尺寸大大增加,全桥面刚度急剧降低。在加载过程中,桥梁结构体系的侧向偏转较大,承载能力较弱,挠度很大,以致一级加载都无法通过。因此,我们放弃无柱墩结构体系的尝试。

基于前期的经验与教训,我们决定采用双主柱加主桥面的结构形式,并在此基础上进一步尝试以主墩形式为单柱的方案。我们将原先的单空心柱、双空心柱变换为单柱(位于桥面中央),单柱的优势在于自重轻,能运用力的平衡抵消左右车道荷载产生的反力。

经过大量加载试验证明,单空心柱的柱截面相对较小,整体抗扭、抗弯的刚度较小,结构柱容易发生弯曲撕裂、扭曲开裂等多种不利情况。我们又尝试了格构柱。试验发现,格构柱的承载能力和横向抗扭能力都高于空心柱,且与空心柱的重量相差无几。但单柱格构柱也存在很多不利因素,降低了其对桥面主梁的支撑效果,最终导致放有较多砝码的小车在行进过程中因桥面变形而发生侧倾并侧翻,导致柱子断裂。因此,单柱格构柱体系也被排除。

在及时反思总结各类结构体系的优缺点的基础上,我们决定将 A 形双主柱改良为双空心方柱体系,在主柱左右两端配以拉弦与底板进行联结,以增加柱子的抗倾覆能力。此外,我们发现柱边张拉弦放置在靠近主柱的位置较为合理,并制作扣件对其进行加固。我们对桥面结构进行了进一步的优化,使桥面能够承受更多的荷载。因此,我们最终确定了双主柱斜拉桥窄桥面结构体系。

(3)模型方案设计

根据赛题要求,在充分考虑一、二级加载特点的基础上,经过理论分析和试验验证,我们选择双柱桥梁结构体系。通过优化结构细节,最终确定了斜拉索的双柱桥梁体系。现选取几种有代表性的结构进行对比说明。

①模型 1(A 形主柱斜拉桥体系,见图 1)

图 1　模型 1

②模型 2(无主柱桥面体系,见图 2)

图 2　模型 2

③模型 3[单空心柱(格构)主柱斜拉桥体系,见图 3]

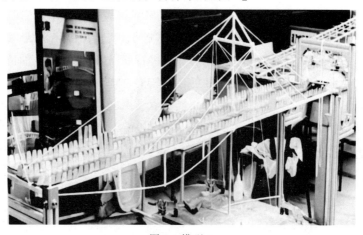

图 3 模型 3

④模型 4(双空心方主柱斜拉桥面体系,见图 4)

图 4 模型 4

表 1 中列出了 4 种模型的优缺点对比。

表 1 4 种模型的优缺点对比

模型	模型 1	模型 2	模型 3	模型 4
优点	整体刚度大、抗扭、抗弯性能好	桥面刚度低、制作相对简单、制作工时短	传力相对较好、结构自重轻	传力直接有效、制作简便、耗能减震、模型轻巧
缺点	自重重、制作工时长	桥面跨度太大、承载能力不足、挠度绝对值大	主柱容易失稳、桥面易整体侧翻	手工制作要求高、制作工时长

总结:经综合对比,模型 4 的自重较轻且力学性能较好,为最终确定的方案。

64.杭州科技职业技术学院——赫日流辉(高职高专组三等奖)

(1)参赛选手、指导老师及作品

参赛选手	
刘 影 刘仁豪 马小波	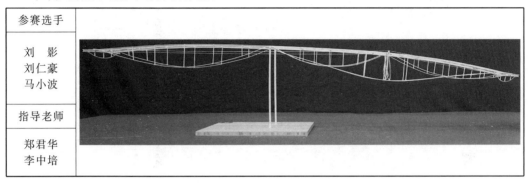
指导老师	
郑君华 李中培	

(2)设计思想

本赛题为"不等跨双车道拉索桥结构设计与模型制作"。根据赛题要求,桥梁模型在加载时,主跨跨中会产生较大的偏心荷载,因此对跨中的竖向刚度有极高的要求。为了保证不出现模型加载失效的情况,必须严格控制结构构件的尺寸、起拱度和拉索的初始张拉力。因此,我们经过多次优化,最后采用了主跨结构为梁、桁架组合、张拉索的结构形式,次跨结构为梁、桁架和拉索的组合结构形式。该结构体系在受力时,桥面结构材料受压弯荷载,中间杆件主要传递压力,下部拉索构件受拉,以达到结构体系整体协同受力的目标状态。

(3)模型方案设计

我们主要考虑了斜拉桥、拱承式组合桥和鱼腹式拉索桥3种模型设计方案,表1中列出了3种模型的优缺点对比。经过理论分析和大量试验,我们最终选择了模型3(见图1)。

表1 3种模型的优缺点对比

模型	模型1(斜拉桥)	模型2(拱承式组合桥)	模型3(鱼腹式拉索桥)
优点	桥梁整体性强,制作较为简单,在两级加载的工况下能够使移动的小车平稳通过	组合结构能够顺利完成一级加载,并且主跨跨中各方向的位移均较小,整体桥型能够完成不同工况的加载	桥整体受力均匀,鱼腹式结构能够很好地应对主跨跨中集中偏心荷载,桥体轻盈,结构简单并且制作难度低
缺点	绳索繁多,绳索初拉力的大小难以控制,并且主跨不适合一级加载时的集中偏心荷载	上承式拱桥,拱自身制作难度较高,并且难以保证桥整体的对称性,自重偏重	对拉索预应力的要求较高,腹杆与拉索连接部位容易脱落

图 1　模型 3

65. 嘉兴南洋职业技术学院——飞跃桥(高职高专组三等奖)

(1)参赛选手、指导老师及作品

参赛选手	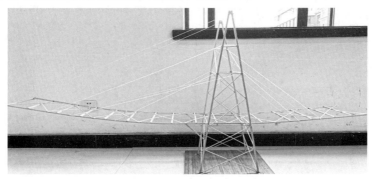
费佳怡 卢苏温 周易润	
指导老师	
廖静宇 孟敏婕	

(2)设计思想

本赛题为"不等跨双车道拉索桥结构设计与模型制作"。在模型的设计构思阶段,我们参考了《关于举行浙江省第十五届"鼎固杯"大学生结构设计竞赛的通知》《木结构设计规范》《静力计算手册(第二版)》《特种结构设计规范》等材料,从桥面、桥塔、拉索 3 个方面对结构方案进行构思。

(3)模型方案设计

桥梁上承受的力不仅有自重等静力,还有小车移动荷载。斜坡障碍产生的振动力使小车的前进方向不可能是一条直线,很容易因振动而产生扭动力。因此,桥梁的结构不仅要能承受竖向作用力,还要有一定的抗扭转刚度以及长系杆的稳定性。

在制作过程中,我们最开始选择的是板式桥面板。但在加载过程中,桥面过软导致小车不稳,无法通行。通过改进,我们选择了有梁板式桥面,桥面刚度增强、变形较小,小车行进通畅。

①模型 1

模型 1 为板式桥面板,其优点是自重轻,结合桥塔和拉索可以承受静载。但是,桥面刚度小,动荷载时变形过大容易发生失稳破坏(见图 1)。

图 1　模型 1 板式桥面板

183

②模型2

模型2为有梁式桥面板,其优点是桥面刚度较大,动荷载时变形小;缺点是下部设置的桁架的自重重,同时桁架杆件较多,制作难度大。

表1中列出了两种模型的优缺点对比。

表1 两种模型的优缺点对比

模型	模型1	模型2
优点	自重轻	刚度大、变形小
缺点	刚度小、变形大	自重重

总结:经综合对比,有梁式桥面板更适合小车的移动荷载,最终确定的模型效果如图2所示。

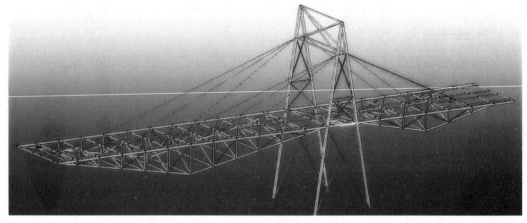

图2 模型效果

66.宁波大学——黄金海湾桥(本科组参赛奖)

(1)参赛选手、指导老师及作品

参赛选手	
沈语桐 邱语辰 程心悦	
指导老师	
周春恒 张振文	

(2)设计思想

本赛题以"桥"为背景,要求参赛选手充分发挥想象力,设计出能够同时承受移动荷载和振动荷载的桥梁结构,并控制其竖向和侧向变形。在此基础上,赛题还要求桥梁的结构体系以拉索为主要承重构件,并进行两级加载。

因此,我们从主跨、次跨的不同跨度,重锤悬挂点、斜坡放置点的不同受力等方面对结构模型进行构思。

(3)模型方案设计

综合考虑各项因素,我们初步选定了3种悬索拱桥结构体系作为设计模型。

①模型1

模型1的支座部分采用矩形柱形式,4根主杆采用T形结构,高300 mm,宽100 mm,长250 mm,分为3层,每层采用交叉斜杆;桥面主体部分的主次跨分别布置拱形结构,桥面以100 mm为一跨度,使用T形杆件交叉拼接为矩形网状结构,使用截面尺寸为2 mm×2 mm的竹杆将横梁两端与拱垂直连接,同时增加斜向连接(见图1)。

图1 模型1

②模型 2

模型 2 的支座部分采用 2 根细柱形式,2 根细柱采用回字形结构,高 300 mm,两柱间距 250 mm,柱间布交叉支撑;桥面主体部分的主次跨分别布置拱形结构,长跨主拱和短跨次拱分别使用 2 根和 1 根回字形杆件作横向支撑,桥面以 100 mm 为一跨度,横梁使用 T 形杆件,其上铺设由厚 1 mm×宽 6 mm 的竹片制成的矩形网状结构。使用截面尺寸为 2 mm×2 mm 的竹杆将横梁两端与拱垂直连接,同时增加斜向连接;用绳子将横梁中部与拱间回字形支撑杆件相连(见图 2)。

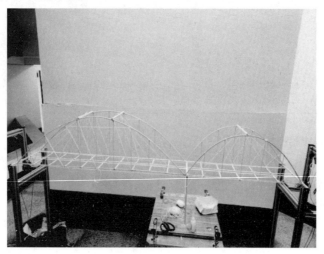

图 2　模型 2

③模型 3

模型 3 的支座部分采用 2 根细柱形式,2 根细柱采用回字形结构,高 300 mm,两柱间距 250 mm;桥面主体部分的主次跨分别布置拱形结构,桥面以 100 mm 为一跨度,横梁使用 T 形杆件,其上铺设由截面尺寸为 2 mm×2 mm 的竹条制成的矩形网状结构,使用棉蜡线将横梁两端与拱垂直连接,同时增加斜向连接(见图 3)。

图 3　模型 3

表 1 中列出了 3 种模型的优缺点对比。

表 1 3 种模型的优缺点对比

模型	模型 1	模型 2	模型 3
优点	主拱、次拱的截面采用面积较大的实腹式截面,拉索采用刚性竹杆,桥面整体抗扭转力强;支座采用桁架式构造,抗压、抗扭转力强;桥面采用 T 形横梁,跨度为 100 mm,桥面刚度大	在两侧拱的顶部设横梁,对桥面中部进行斜拉,增大横梁承载能力;主拱顶部设置剪刀撑,增加拱的整体性;将拉索改为棉蜡线减轻了模型自重	在模型 2 的基础上加强桥面横梁,增加桥面刚度,减少桥面变形;底座采用三角柱,增强桥面整体抗扭能力
缺点	拱截面、桥面及支座强度冗余大,模型较重、工艺复杂	棉线受力时形变较大,会造成桥面较大的变形	横梁间的竖杆承载能力较弱,小车行驶至跨中时桥面变形较大

总结:综合对比,模型 3 优化了拉索、支座的承载能力,减轻了模型自重,是最优方案。

67.浙江理工大学——苇杭之（本科组参赛奖）

（1）参赛选手、指导老师及作品

参赛选手	
邱逸夫 吴 涛 张铭霖	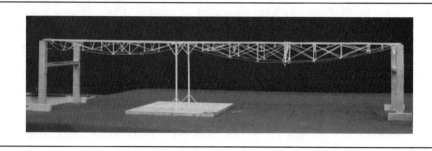
指导老师	
指导组	

（2）设计思想

根据赛题要求，我们选择张弦梁结构为模型结构。张弦梁结构的主要特点是能充分发挥拱梁结构的受压优势和高强拉索的抗拉特性，因此可以节省更多材料。此外，通过张拉下弦索可以使结构形成整体，共同工作，并使拱梁产生反拱，从而增大结构刚度。撑杆起弹性支撑作用，可以减小拱梁的弯矩；下弦索抵消外荷载对拱产生的推力，这一刚柔并济的结构，很好地满足了挠度和承载能力的要求。通过以抛物线进行定位的下弦将上部的荷载传递至桥墩和支座处，从而维持整个结构体系的平衡。在新增的2根纵梁下采用1根下弦，形成整个倒三角张弦和桁架相结合的体系。在减轻模型自重的同时保持了较好的稳定性。

关于模型整体的结构抗扭，我们分别在桥面上、下弦之间添加拉压杆件以增加桥面的截面厚度。在实际的加载过程中，拉压杆件共同作用，使两段张弦梁的整体性得到了进一步的提高，增强了桥梁的整体抗扭能力。

我们对模型体系的愿景是通过上下弦的共同作用以及节点与撑杆的联系作用，充分发挥其张拉的平衡效果。但在实际情况中，模型的主要承载部分还是上弦主梁结构。只有找到合理的方式，使整根上弦的刚度各段相匹配，让其负荷之后能够平缓变形，才能达到模型承载的最佳水平。我们仍然通过大量的对比试验，调节撑杆的高度和上弦面层的材料及其构造方式，最终得到较为合理的结构选择。

（3）模型方案设计

基于以上分析，并结合张弦梁的受力优越性，我们对结构做了如下改进。

桥面以张弦梁为主体，依旧是上下弦与撑杆组成的结构形式。上弦是由具有一定刚度的竹材组合而成的箱形梁结构，下弦采用抗拉强度较高的由截面尺寸为 1 mm×3 mm 的竹条制成的变截面构件，中间通过竖直向下的截面尺寸为 3 mm×3 mm 的腹杆传递荷载，在腹杆之间采用由截面尺寸为 2 mm×2 mm 的竹条组成的交叉桁架，维持整个结构体系的平衡。该结构体系使上弦在施加荷载后，通过竖直向下的腹杆将力传递至下弦杆，再传递至两边的支座处,从而形成自平衡体系。索塔采用 A 形布置,辐射形索面最大限度发挥拉索和索塔的作用。索塔、拉索、桥面协同受力增大了结构刚度,提高了整体的稳定性,并充分发挥了材料的特性,以达到刚柔并济的效果,同时满足两级加载的要求。

在试验过程中,整个模型的结构体系非常稳定,整体形变效果非常好,但是模型自重较重。考虑到模型优化,将索塔、拉索、张弦梁协同受力的结构体系改为以张弦梁为主要受力结构的体系,进一步发挥张弦梁的受力优越性。同时,将主塔的 4 根立柱改为 2 根,在减轻模型自重的同时保持了较好的稳定性。

在后续试验过程中,张弦梁的受力处于相对稳定的状态,桥面整体刚度依然较强。而数量较多的横梁和保证桥面整体性的贝雷架造成了材料的浪费。考虑到优化结构的合理性,减少桥面结构,我们选择在小车车轮行驶轨迹下增加 2 根主梁,同时简化桥面结构,只保留 5 根横梁来保证桥面联系。优化后的结构不仅减少了复杂桥面所带来的材料浪费,4 根主梁的设计也可以保证小车行驶的稳定性。

68.浙江农林大学——跨海大桥(本科组参赛奖)

(1)参赛选手、指导老师及作品

参赛选手	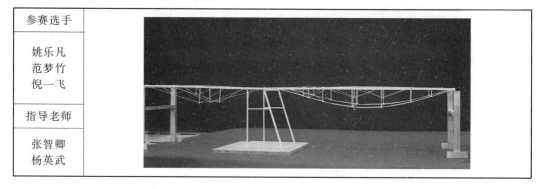
姚乐凡 范梦竹 倪一飞	
指导老师	
张智卿 杨英武	

(2)设计思想

本赛题为"不等跨双车道拉索桥结构设计与模型制作",模型结构形式限定为拉索桥,如斜拉桥、悬索桥等,具体索塔形式和拉索布置方式不限,但桥梁模型须体现以拉索为主要承重构件。结合赛题要求,本方案的设计内容具体体现在以下3个方面:一是桥梁结构能够提供双车道小车的通行;二是结构能够承受长跨和短跨跨中位置的静荷载以及长跨跨中的偏心动荷载作用;三是结构能够抵抗小车移动荷载的作用。为了满足以上3个方面的功能性要求,我们在结构构件截面、杆件有效长度、构件抗弯刚度以及节点构造方面进行了构思与设计。

(3)模型方案设计

在模型制作初期,我们充分对比了不同结构体系的优缺点及其可行性,如悬索桥、桁架拱桥和斜拉桥,具体分析对比内容如下。

①模型1

悬索桥又称吊桥,是以主缆为主要承重构件的桥梁结构,其主要构造包括主缆、索塔、锚碇、吊索、加劲梁及桥面结构等。悬索桥的主要承重构件是悬索,其优点在实际工程中具体体现为:悬索桥可以充分利用材料的强度,在各种体系的桥梁中的跨越能力最大;悬索桥可以造得比较高,容易满足其下的通航空间。然而悬索桥在本赛题中存在如下缺点:悬索桥的刚度较小,在风荷载作用下(竖向模拟动荷载)更容易发生颤振;难以实现端部的锚碇,受力难以平衡;采用竹材制作,模型自重重。

②模型2

桁架拱桥由拱和桁架两种结构体系组成,同时具备了桁架和拱的受力特点。桁架部分各杆件主要承受轴向力,具有普通桁架的受力特点。拱部分通过水平推力减少了跨中弯矩,使跨中实腹段在恒载作用下主要承受轴向压力;桥面在活载作用下承受弯矩,成为偏心受压构件。吊杆支承桥面体系,主要受拉力的作用,满足本赛题的要求。该结构体系

— 190 —

的优点为结构受力合理、整体性强,抗风和抵抗变形的能力优于斜拉桥和悬索桥。然而针对本赛题,其缺点为:上部拱圈与桁架的结合制作工艺难度大;根据长短两跨,需要制作2组拱圈,拱圈与桁架结合的重量较重;通过初步的材料预估,该模型的自重接近400 g。

③模型3

斜拉桥又称斜拉吊桥。主梁除了有桥墩支承外,还有斜拉索预先给主梁施加的一定的拉力。车辆通过时,桥梁的受力大大减小。因此,调整斜拉索中的预应力,可以使桥梁受力均匀合理。斜拉桥在工程中具有跨越能力大、结构高度矮以及较好的抗风和抗震能力。根据本赛题提供的材料,该模型的缺点主要是斜拉索的预应力施加难以实现,即制作难度大。

表1中列出了3种模型的优缺点对比。

表1　3种模型的优缺点对比

模型	模型1	模型2	模型3
优点	大跨结构,能够抗风	跨度较大,抗风性能好	大跨度结构,能够抗风
缺点	制作难度大、自重重	制作难度大、自重重	制作难度大、自重轻

总结:经综合对比,以上3种模型均无法较好地满足赛题要求。因此,我们将桥梁结构体系进一步演化为张弦梁结构。该结构由刚度较大的抗弯构件和高强度的索以及连接两者的撑杆组成,综合应用了刚性构件抗弯刚度大和柔性构件抗拉强度大的特性,具有自重轻、刚度大、稳定性强、跨度大等优点。最终确定的模型效果如图1所示。

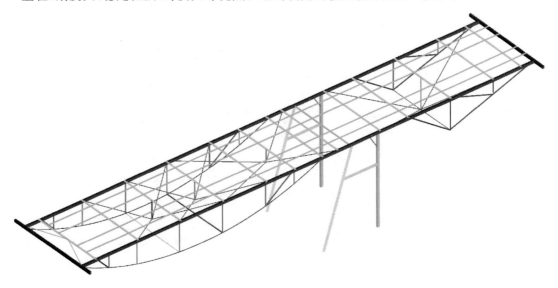

图1　模型效果

69. 浙江科技学院——三文鱼大桥(本科组参赛奖)

(1)参赛选手、指导老师及作品

参赛选手	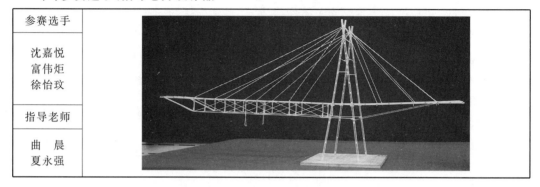
沈嘉悦 富伟炬 徐怡玫	
指导老师	
曲　晨 夏永强	

(2)设计思想

本赛题为"不等跨双车道拉索桥结构设计与模型制作",我们从桥面、主塔、绳索强度、变形及其连接方式等方面对结构方案进行构思,主要考虑以下几个方面的因素:①桥面长短跨纵向抗弯能力;②偏载作用下桥面抗扭能力;③桥面横向抗弯能力;④主塔的强度及其刚度;⑤桥面在荷载最不利组合下的最大变形情况。

(3)模型方案设计

我们只对不同形式的桥面进行对比,主塔统一采用如图 1 所示的模型,具体模型方案如下:①模型 1 桥面全跨方向采用单层设计;②模型 2 桥面全跨方向采用桁架设计;③模型 3 桥面长跨部分采用桁架设计,短跨部分采用单层设计。表 1 中列出了 3 种模型的优缺点对比。

表 1　3 种模型的优缺点对比

模型	模型 1	模型 2	模型 3
优点	整体自重轻	桥面变形极小	兼顾重量与形变
缺点	桥面变形过大	自重重,强度储备过剩	整体自重还有待减轻

总结:不同模型的主塔采用统一的形式——双层辐射型索面形状,拉索锚固在索塔最高位置处,使斜拉索提供较大的竖向分力,更有效地为桥面结构提供支撑。综合对比不同桥面结构的重量与变形情况,最终确定桥面长跨部分采用桁架结构的设计,短跨部分采用单层结构的设计,最终的模型效果及实物如图 1 所示。

图 1　桥梁模型效果及实物

70.宁波工程学院——郑板桥(本科组参赛奖)

(1)参赛选手、指导老师及作品

参赛选手	
沈星宇 张嘉言 黄 喆	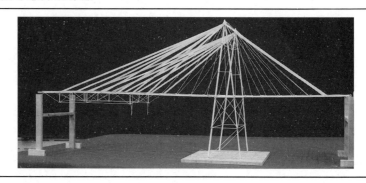
指导老师	
张振亚 吴朝晖	

(2)设计思想

本赛题的模型结构形式限定为拉索桥(即以拉索为主要承重构件的预应力桥梁结构体系),如斜拉桥、悬索桥等,具体索塔形式和拉索布置方式不限,但桥梁模型须体现以拉索为主要承重构件。因此,我们从材料力学、结构动力学等方面对结构方案进行构思。既要考虑结构的重量,又要考虑结构抵抗静载的能力以及在冲击荷载下的承受能力。在保证结构强度、刚度和稳定性的前提下,设计出既安全又经济的方案。

(3)模型方案设计

在模型计算、制作和试验的过程中,不同模型都有各自的优缺点,从重量和结构整体稳定性等方面考虑,找到较为合理的结构类型。在整个设计过程中,我们考虑了如下 3 种结构体系。

①模型 1

模型 1 为拱式结构,下部结构整体是拱式桁架,柱子截面是空心正方形,每根柱子与基础相连,且节点处有拉条交叉相连,上部结构是半圆形拱式结构。该结构具有较好的稳定性,能够满足强度和刚度要求,但抵抗侧向载荷稍弱,尤其是在两级加载且小车行驶不够平稳时更加明显,做工复杂。

②模型 2

模型 2 为悬索结构,由索塔和桥面组成,索塔支撑桥面并且通过绳索相连。该结构对于索塔的要求较高,同时绳索在桥梁不受荷载时保持自然状态,只有在较大荷载时起到维持整体稳定性的作用,能够满足强度和刚度要求,同时满足一、二级满载加载的要求,但自重较重。

③模型 3

模型 3 为拉索结构,由索塔和桥面组成,索塔支撑桥面并且通过绳索、竹皮相连,柱子截面为空心方管,桥面由 T 形梁和 T 形横杆组成,该结构具有较好的稳定性,能够满足强度和刚度要求,同时满足一、二级满载加载的要求,自重相对较轻,做工简单易操作,而且最切合题意,因此最终选择该结构。

表1中列出了3种模型的优缺点对比。

表1 3种模型的优缺点对比

模型	模型1	模型2	模型3
优点	自重轻	满足承载要求、做工简单	做工简单、荷重比大
缺点	抗侧向荷载弱、做工复杂	自重重、节点复杂	绳索松紧较难控制

总结:综合对比以上3种模型,我们选择模型3为最终方案,模型效果如图1所示。

图1 模型效果

71. 嘉兴南湖学院——匠心桥(本科组参赛奖)

(1)参赛选手、指导老师及作品

参赛选手	
黄勇勇 林佩佩 高 航	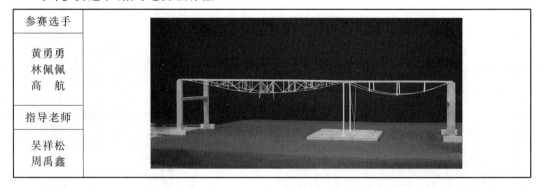
指导老师	
吴祥松 周禹鑫	

(2)设计思想

本赛题的模型结构形式限定为拉索桥,该桥设置为不等跨形式,要求设计出承载能力强、刚度大、稳定性好的轻质结构。因此,我们从受力特点、强度、刚度和稳定性等方面考虑,结合所学的力学知识以及现有的桥梁结构对结构方案进行构思。

(3)模型方案设计

根据上述设计构思,我们进行了多种方案的设计制作和模型试验,不同模型方案对比如下。

①模型 1

模型 1 的桥柱采用格构式矮塔独柱,刚度大,但是制作难度较大,且自重也较重。桥面板整体抗弯性能较好,能够承受较大的弯矩。模型 1 的结构强度能够满足赛题要求,但是结构自重比较重,并且很难在结构上进行创新;模型 1 在两级加载时容易侧翻。

②模型 2

在模型 1 的基础上,为了减轻自重,模型 2 我们选择无索塔结构形式。该结构形式对桥面刚度的要求较高,因此我们选择鱼腹式桥梁,以提高桥面刚度,增加整桥的稳定性。

③模型 3

模型 3 的桥面采用了悬挑式设计,目的是让小车的重心落在竹杆件上并尽可能使小车在两级加载时能够平稳通过。使用杆件制作桥下鱼腹梁结构,以提升桥面刚度和承载能力,从而降低桥面整体失稳的可能性,并且通过施加预应力来保证其强度。

总结:综合对比以上 3 种模型,从结构构型、稳定性、制作难度、重量等方面考虑,我们选择模型 3 为最终方案。虽然模型比较复杂,但是通过优化,能够加快模型的制作速度,提高其稳定性。最终的模型实物如图 1 所示。

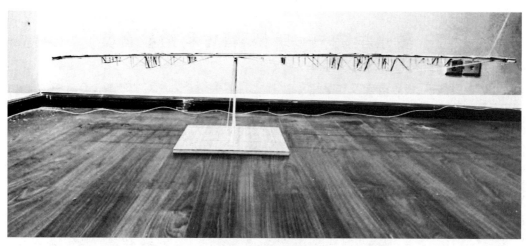

图 1 模型实物

72.衢州学院——瞧桥看(本科组参赛奖)

(1)参赛选手、指导老师及作品

参赛选手	
宋 皓 赵应天 宋竞辉	
指导老师	
许友武 王雅南	

(2)设计思想

本赛题模型结构形式限定为拉索桥,即以拉索为主要承重构件的桥梁。从结构力学的角度分析,桥梁可以简化为两跨连续梁,跨中正弯矩最大,作用在桥面结构上呈现出上部受压,下部受拉的受力状态。中间支座处有较小的负弯矩,而两端支座为搁置状态,弯矩为0。

基于对桥梁的简单受力分析,我们首先根据弯矩大小确定桥梁整体的截面布置为跨中向两支座由大到小的渐变截面。其次结合桥梁受力状态和赛题要求,将拉索布置在下部。

我们设计的结构体系简明,根据结构受力特点,充分利用材料的性能。主构件位于小车正下方,传力路径更短、更直接。

(3)模型方案设计

我们考虑了以下两种结构模型方案。

模型1采用常规斜拉桥结构,桥梁宽250 mm,桥墩高300 mm,桥塔高400 mm,每个节点由棉线制成的拉索与桥塔连接。整个结构自重450 g,为柔性结构,受力后桥面变形较大,且拉索容易松弛失效。长跨跨中变形明显,材料用量冗余,分配不够均匀合理。

模型2采用张弦梁结构,桥梁宽250 mm,桥墩高300 mm,不设桥塔,改用鱼腹式张弦梁来承受荷载,桥墩采用由截面尺寸为6 mm×6 mm的竹条构成的箱形截面,受力合理,整个结构自重228 g,经试验可以满载加载。表1中列出了两种模型的优缺点对比。

表1　两种模型的优缺点对比

模型	模型1	模型2
优点	结构较柔、制作简单	造型独特、受力合理、拉索承重
缺点	自重重、变形明显、拉索容易失效	制作工序繁杂

总结:经综合对比,模型2受力更加合理且自重较轻,我们选择模型2为最终方案。

73. 浙江理工大学科技与艺术学院——昆山之巅(本科组参赛奖)

(1)参赛选手、指导老师及作品

参赛选手	
何翙廷 董克锞 陈文龙	
指导老师	
童颜泱 徐怡红	

(2)设计思想

本赛题为"不等跨双车道拉索桥结构设计与模型制作",我们从斜拉桥、悬索桥等方面对结构方案进行构思。一级加载时桥面梁需要承受竖向偏心荷载,二级加载时转变为小车的动荷载。根据软件计算得出动荷载的最大值,以此对模型特定区域进行加强和加固。

赛题要求以拉索为主要承重结构,因此我们采用鱼腹结构,将小车的竖向荷载转化为拉力,传递至支座处。

根据赛题要求,小车要通过整个桥面,且桥面变形要控制在一定的范围内,因此要通过一定的桁架结构来增加桥面刚度。

(3)模型方案设计

由于主桥墩与桥面的交点要在主墩中心线的一定范围内,因此我们将最开始的主墩伸出桥面。上部拉索与桁架的结构受力优化为 2 个不伸出桥面的桥墩,通过鱼腹下弦拉索与桁架共同抵抗桥面传递的荷载,使得结构更加合理,同时大大节省了主墩材料。

两种模型如图 1 和图 2 所示。

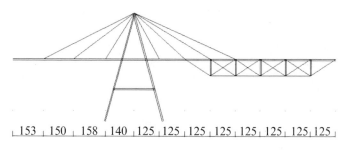

| 153 | 150 | 158 | 140 | 125 | 125 | 125 | 125 | 125 | 125 | 125 | 125 |

图 1 模型 1(单位:mm)

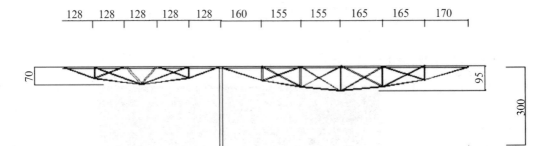

128 128 128 128 128 160 155 155 165 165 170

70 95 300

图 2 模型 2(单位:mm)

表 1 中列出了两种模型的优缺点对比。

表 1 两种模型的优缺点对比

模型	模型 1	模型 2
优点	上部拉索荷载传递,部分为悬挑,制作简单	结构较为合理,桁架与拉索同时受力,结构稳定,传力系数较合理
缺点	A字形主墩受力较大,消耗材料较多	短跨制作较复杂

总结:以上两种模型总体来说都不是最优方案,综合上述两种模型,我们得出如图 3 所示的最终确定的悬索桥模型效果。

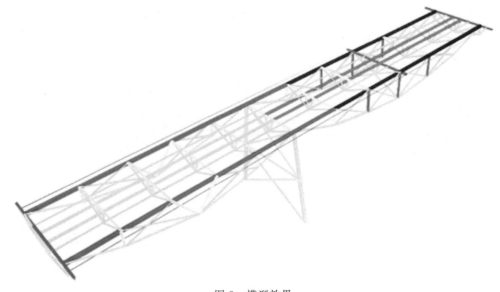

图 3 模型效果

74. 同济大学浙江学院——长来安（本科组参赛奖）

（1）参赛选手、指导老师及作品

参赛选手	
朱禹舟 华紫霖 陈何塘	
指导老师	
李　红 李　燕	

（2）设计思想

本赛题为"不等跨双车道拉索桥结构设计与模型制作"，模型结构形式限定为拉索桥。我们从杆件截面形式、受力性能等方面对结构方案进行构思。

赛题要求以模型荷重比来体现模型的合理性和材料的利用率，我们考虑选择造型简单、传力明确的模型，以减轻模型自重。

一级加载对构件受弯能力的要求比较高，主梁采用箱形截面加侧向支撑，在保证构件不发生平面内弯扭失稳的同时，增强平面外整体的稳定性。

二级加载考虑荷载最不利位置，我们在主梁上搭了间距为 150 mm 的次梁和框架梁，以减少平面外的计算长度，增强构件的抗扭性能。

结构与底板连接，重点加固柱脚节点，防止结构加载时脱落。在柱子底部做独立基础，增强抗震性能。

绳索、主梁、柱子的连接方式至关重要。我们采用单向板的方式将力从次梁传递至主梁，主梁利用绳索的弹塑性将力传递至柱子，柱子又将力传递至基础，从而保证整体的稳定性。

（3）模型方案设计

悬索桥梁结构模型有多种样式，柱子有 A 形、矩形等，梁有箱形、工字形、角钢、槽钢、T 形等。我们综合考虑不同悬索桥的受力特点、传力路径，以及赛题以绳索为主要受力构件的要求，尝试了以下 3 种模型方案。

①模型 1

提到桥梁，我们首先想到的就是桁架桥梁，但是赛题要求以绳索为主要受力构件。因此，我们在模型 1 长边挂砝码的位置上方做了一个小桁架，以抵抗集中荷载的作用。对于柱子而言，我们想到的是横平竖直的结构模型，因此 4 根柱子直立，柱子之间采用斜向支撑与水平柱间支撑来保证结构整体的稳定性。大部分节点采用卡槽截断的方式，每个节点处都有加强。主梁采用的是 T 形加角焊缝,次梁采用矩形截面。

②模型 2

模型 2 采用格构式 A 形柱子,柱子采用单角钢加角焊缝的形式,对于肢背肢尖的强度和稳定性都得到了比较大的提升。主梁采用工字形,因为工字形是双轴对称的,可以防止发生弯扭失稳。次梁采用 T 形加角焊缝,在轴力、弯矩、扭矩的共同作用下,焊缝强度基本满足要求。

③模型 3

模型 3 将主受力构件加粗,采用截面尺寸为 10 mm×10 mm 的箱形作为主梁,减少 1 根主梁。柱子采用槽钢,槽钢内部加上加劲肋,柱子之间的连接采用格构式,以保证平面内的稳定性。平面外加了 2 道侧向支撑,由于平面外没有动力荷载,在这个方向布置相对较少的杆件。在支撑平台下面,分别采用牛腿柱的设计,对于整个平面有了比较好的支撑作用。

总结:我们选择模型 2 为最终方案。

75.嘉兴学院——斯涅尔大桥（本科组参赛奖）

(1)参赛选手、指导老师及作品

参赛选手	
王静雯 李灵烨 于锐新	
指导老师	
指导组	

(2)设计思想

本赛题为"不等跨双车道拉索桥结构设计与模型制作"，要求对桥梁在恒载、不对称车辆荷载和模拟桥梁横向风荷载颤振作用下的不等跨双车道拉索桥结构进行设计。因此，我们从受力特点、承载能力、刚度和稳定性等方面对拉索桥结构方案进行构思。

结构模型采用斜拉桥结构模型方案。该结构模型主要由桥塔、拉索和桥面结构等构成。斜拉桥结构模型的主要传力路径为桥面结构承受桥面竖向恒载和车辆荷载等，并通过拉索和桥面梁将荷载传递至桥塔，桥塔再将荷载传递至下部基础和地基。

斜拉桥桥面结构主要由纵向主梁和横梁构成。在设计桥面纵向主梁时，考虑到模型材料数量的限制、桥面结构构成方式及桥面结构重量等因素，尽可能减少纵向主梁的数量，将纵向主梁设置在桥面结构的边缘位置。由于模型为不等跨结构，从受力和变形控制方面考虑，设计时长跨部分纵梁截面的抗弯刚度应较短跨部分纵梁截面的抗弯刚度大。同时，横梁也应有一定的抗弯刚度。为了减小横梁的截面尺寸和横梁设置的数量，将横梁做成张弦梁形式以提高横梁刚度。在行车道车轮行驶线附近设置纵向小纵梁(竹条)，以减小小车加载过程中桥面板的竖向变形并减轻桥面结构的重量。

桥塔需承受斜拉索传递的竖向力、不平衡水平力以及可能的扭矩。设计桥塔时，考虑到索面的布置形式、传力路径、承载能力、刚度和结构重量等因素，拟采用A形桥塔结构形式，其主要由塔柱、横梁和交叉撑杆构成。同时，为了支撑桥面结构，在顺桥向一侧布置刚度较大的横梁，以承受和传递桥面部分的竖向荷载。为了防止塔柱受压失稳，在塔柱不同高度处设置一定数量的水平横梁以减小塔柱受压计算高度并增强塔柱刚度。此外，在桥面下部桥塔塔柱间设置一定数量的交叉撑杆，以增强桥塔的抗扭和抗侧刚度。

斜拉桥的拉索布置形式拟采用双索面形式，索面分别设置在桥面结构的两侧，拉索分别与桥面边纵梁和塔柱相连。拉索设置的数量考虑拉索受力的大小、拉索对桥面结构刚度的要求和模型重量等因素进行合理选定。同时，考虑到桥梁长跨部分的荷载较短跨部分的大，因此长跨拉索设置的数量应多于短跨。

由于竞赛时模型的加载方向由专家随机选取,因此设计模型时应尽可能对称。

通过对模型传力路径的分析和试验,确定所需的主要受力构件,减少杆件数量,并对主要受力构件的截面形式和尺寸进行优化,以减轻模型自重。

考虑到模型制作的难易程度和可靠性,尽可能选择制作简单、可靠性强的结构方案。

(3)模型方案设计

根据上述设计构思,我们进行了多种方案的设计制作和模型试验,不同模型方案的对比如下。

①模型1

模型1为A形桥塔+双索面斜拉索(棉蜡线拉索)+纵横梁和交叉斜梁桥面结构+局部纵梁加强桁架方案(见图1)。

图1　模型1

②模型2

模型2为A形桥塔+双索面斜拉索(竹条拉索)+张弦横梁桥面结构+索桁架方案(见图2)。

图2　模型2

③模型 3

模型 3 为 A 形桥塔＋双索面斜拉索(单侧 7 根竹条拉索)＋张弦横梁桥面结构＋局部纵梁加强桁架方案(见图 3)。

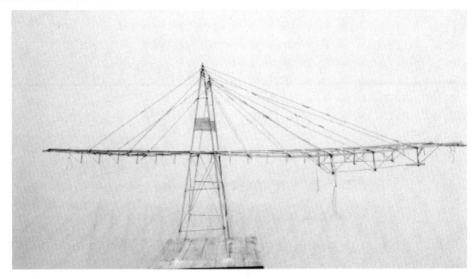

图 3　模型 3

④模型 4

模型 4 为 A 形桥塔＋双索面斜拉索(单侧 5 根竹条拉索)＋张弦横梁桥面结构＋局部纵梁加强桁架方案(见图 4)。

图 4　模型 4

总结:综合对比以上模型可知,两级加载时模型的桥面结构需要有较大的整体和局部抗弯刚度,以防止小车行驶过程中出现卡停和倾覆;模型 1 的棉蜡线拉索在加载过程中由于易松弛而不能给桥面结构提供足够的刚度,因此模型 1 的方案不适合;模型 2 的承载能力和刚度虽然大，但相比于模型 3 和模型 4 拉索受力复杂、传力路径不够明确，因此模型 2 的方案不适合；模型 4 和模型 3 相比，所需设置的拉索的数量更少，纵梁局部加强桁架更优化，加载过程中竖向变形更小，因此最终采用模型 4 的方案。

76.浙江工业大学——桥舌如簧(本科组参赛奖)

(1)参赛选手、指导老师及作品

参赛选手	
黄　昊 孙培耘 黄展赫	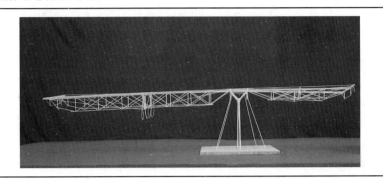
指导老师	
王建东 付传清	

(2)设计思想

本赛题为"不等跨双车道拉索桥结构设计与模型制作",结合赛题要求,我们收集了国内外各种桥梁类型的图片与案例,从桥梁结构模型、荷载传递方式、荷重比合理性,以及自我操作能力等多方面考虑,对桥梁结构方案进行构思。本赛题为双跨(不等跨)桥梁,桥墩左右为非对称结构,对桥墩抗倾覆的要求较高,桥梁模型既要承受外部荷载,又要将桥梁挠度控制在一定范围内,同时还要控制模型自重。因此,我们对桥梁的桥墩、长短跨和拉索分别进行了分析与研究。

(3)模型方案设计

基于对赛题的分析和现场制作的便利性,我们选择了以下4种模型进行分析设计。

①模型1

悬索桥又名吊桥,指的是以索塔悬挂并锚固于两岸(或桥两端)的缆索(或钢链)为上部结构主要承重构件的桥梁。其缆索几何形状由力的平衡条件决定,一般接近抛物线。制作时,设计从缆索垂下若干吊杆,把桥面吊住,并在桥面和吊杆之间设置加劲梁,由吊杆与缆索形成组合结构体系,以减小桥梁在荷载下的挠度变形。

结合赛题要求,由于塔架基本上不受侧向力,因此其可以做得相当纤细,节省材料,并且悬索对塔架还有一定的稳定作用。

②模型2

斜拉桥是用许多拉索将主梁直接拉在桥塔上的一种桥梁。其由承压塔、受拉索和承弯的梁体组合,可看作拉索代替支墩的多跨弹性支承连续梁。斜拉桥可以减少梁体内的弯矩、降低建筑高度、减轻结构自重、节省材料。

斜拉桥结构在力学上属于高次超静定结构,是所有桥型中受力最为复杂的一种结构。因此,在斜拉桥结构的受力分析中,首要任务是确定成桥状态合理,使成桥结构受力均匀,这给我们的制作增加了非常大的难度。

③模型3

网架斜拉桥将网架结构作为一种空间结构"梁",其受力合理、安全可靠、跨度和覆盖面积大、抗震性能好、整体刚度大、适应性强。将网架和斜拉桥两种结构形式相结合,可以进一步发挥它们各自的优点,克服局限性和缺陷。

网架结构超静定次数高,承力杆件多、荷载相对小,使传力体系、受力体系以及支撑体系融合为一个整体受力的空间体系。即使个别杆件因受力较大而出现塑性,也会出现塑性内力重分布,使杆件内力区域均匀,因此有可靠的安全保障。但此类结构的缺点是制作安装复杂、费工费料、不经济。

①模型4

下拉索桥是一种创新的桥梁结构类型。在这些类型的桥梁中,斜拉索的布置与常规斜拉桥不太一样,即设置了桥面以下的拉索,思维新颖。

我们还收集了国内的研究资料,发现这种桥梁结构类型可以有效提高结构刚度,减少塔墩根部以及主梁跨中的弯矩。

综合对比悬索桥、斜拉桥、网架斜拉桥和下拉索桥的优缺点,我们选择模型4即下拉索桥为最终方案,模型效果如图1所示。

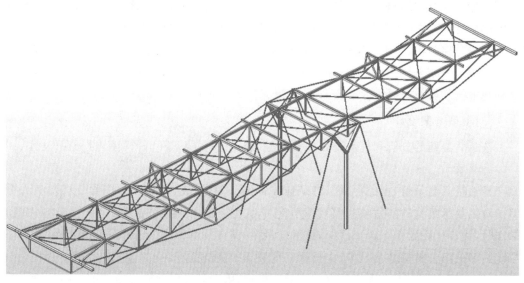

图1　模型效果

77. 衢州学院——巧巧翘翘桥(本科组参赛奖)

(1)参赛选手、指导老师及作品

参赛选手	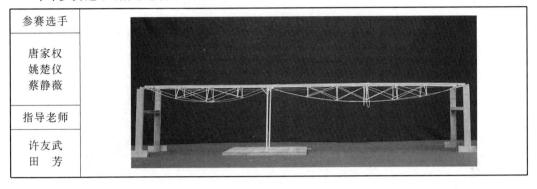
唐家权 姚楚仪 蔡静薇	
指导老师	
许友武 田 芳	

(2)设计思想

本赛题结构形式限定为拉索桥,即以拉索为主要承重构件的预应力桥梁结构体系,具体索塔形式和拉索布置方式不限。根据赛题要求,结构需要承受静力荷载、颤振以及移动荷载的作用,分别以模型坍塌、小车侧翻、砝码掉落、桥梁严重变形导致车辆不能通行等为评判标准。因此,我们从结构自重、梁截面尺寸、受力特点等方面考虑,梁截面采用鱼腹式截面,并在桥墩设置拉索以降低桥梁振动响应。该模型的设计特色有以下几点:①结构体系简明、受力合理,充分利用材料的性能;②合理设置杆件截面,制作方法简单,牢固;③桥墩设置拉索以减震。

(3)模型方案设计

我们设计了两种结构模型,根据计算分析以及实际加载效果确定参赛模型。

模型1采用斜拉桥结构,每个节点由棉蜡线制成的拉索与桥塔连接。整个结构自重420 g,为柔性结构,受力后桥面变形较大,且拉索容易松弛失效。

模型2采用斜拉桥结构,不设桥塔,改用鱼腹式梁截面抗拉,桥墩采用由截面尺寸为7 mm×7 mm的竹条构成的箱形截面,受力合理,整个结构自重约220 g,经试验加载符合满载要求。

表1中列出了两种模型的优缺点对比。

表1 两种模型的优缺点对比

模型	模型1	模型2
优点	结构较柔、制作简单	结构较轻、造型独特、受力合理
缺点	自重重、变形明显、拉索容易失效	做工要求高

总结:经综合对比,模型2的受力更加合理且自重较轻,我们选择模型2为最终方案。

78.浙江科技学院——科盛大桥(本科组参赛奖)

(1)参赛选手、指导老师及作品

参赛选手	
张乐乐 陈　涛 梁嘉澍	
指导老师	
边祖光 樊　磊	

(2)设计思想

拉索桥主要采用钢缆承受桥梁荷载,钢缆锚固在桥柱上,将重量转移给后者。常见的拉索桥有斜拉桥和悬索桥。随着经济发展和技术进步,拉索桥在交通领域特别是对跨度有较高要求的交通工程中的应用越来越广泛。

本次竞赛从实际出发,选取了不等跨双车道拉索桥来考查和拓展我们的专业学习能力。本赛题为"不等跨双车道拉索桥结构设计与模型制作",要求在非对称移动荷载、非对称静荷载以及均布静荷载作用下进行加载,且桥梁具有一定的抗风振性。从赛题要求分析可知,其首先考虑的是桥梁主梁的抗弯和抗扭问题,其次考虑的是主塔的抗弯和失稳、桥面形变以及拉索是否充分受拉等问题。因此,我们从桥身承载能力、扭矩、拉索应力、桥面及塔柱形变和桥梁自重等方面对结构方案进行构思。

(3)模型方案设计

模型方案主要从拉索布置的几个方面进行分类,按照各分类项进行组合,通过综合分析各组合的优劣势,得出最终的模型方案。以下为主要的分类依据和分析。

①索面数量:单索面、双索面、三索面

单索面的特点是桥面视野开阔,但拉索无法提供结构抗扭能力,需设置抗扭刚度大的梁截面。双索面和三索面的结构特点恰好与单索面相反,这种布置方式可以有效改善梁截面的抗扭能力,但桥面视野相对较差。

②索面形状:辐射形、竖琴形、扇形

辐射形的拉索均锚固在索塔同一位置,倾角为三者中最大,故斜拉索提供的竖向分力较大,可以更有效地为主梁提供支撑,但索塔锚固区域的应力比较集中。竖琴形的拉索按平行方式排列,斜拉索倾角相同,但倾角相较辐射形小。扇形则结合了两者的特点,结构受力相对清晰,作用效果也更加优化。

表1中列出了双索面扇形斜拉桥、双索面悬索桥、三索面斜拉悬索协作桥3种形式的

桥梁,从抗扭能力、承载能力、桥面柔度、拉索调节、成桥坡度5个方面进行对比。

表1　3种桥型的特征对比

类别	双索面扇形斜拉桥	双索面悬索桥	三索面斜拉悬索协作桥
抗扭能力	良	良	优
承载能力	良	良	优
桥面柔度	较大	大	一般
拉索调节	较难	一般	难
成桥坡度	大	大	大

总结:综合对比以上3种桥型,三索面斜拉悬索协作桥尽管索力难以控制,但在抗扭、承载和桥梁变形等方面均优于其他2种桥型。此外,更加密集的拉索也可以减少竹材的使用量,有效减轻自重。为了减少塔柱耗材,中间位置的索设置为悬索,通过竹杆件的相互搭接将压力传递至周围的4个桥塔。因此,我们选择三索面斜拉悬索协作桥作为最终方案,模型实物如图1所示。

图1　模型实物

79. 浙江理工大学科技与艺术学院——坚如磐石（本科组参赛奖）

（1）参赛选手、指导老师及作品

参赛选手	
林文杰 苏佳壕 严茹丹	
指导老师	
柯玉萍 郑家乐	

（2）设计思想

本赛题为"不等跨双车道拉索桥结构设计与模型制作"，我们从结构形式、结构受力和变形等方面对结构方案进行构思。

①结构形式

根据赛题要求，主要由拉索构件进行受力传递。因此，在方案设计时，除了考虑桥梁主体结构如桥面、桥墩的形式外，还需考虑受力传递的拉索构件。

②结构受力和变形

根据赛题要求，一级加载为桥面一侧长跨跨中与短跨跨中的偏载以及长跨跨中边缘重锤产生的振动荷载；二级加载为两侧桥面对向行驶的车辆荷载。因此，综合一、二级受荷情况，需要考虑长跨跨中和短跨跨中的支撑形式。

除了以上两个方面以外，由于二级加载时车辆从两侧对向行驶，初始状态时边支座受荷较大，而边支座搭接在加载装置上，约束较薄弱，因此需要重点考虑边支座处桥面板的支撑形式。

（3）模型方案设计

结合方案构思，在进行模型对比时，我们主要考虑拉索构件的布置形式。在拉索桥结构中，常见的索形有桥塔上的放射形、扇形拉索等，还有桥面板下部的竖向受力悬索等。

模型1为桥塔上拉索受力的结构形式，模型2为桥面下悬索受力的结构形式。

表1中列出了两种模型的优缺点对比。

表1　两种模型的优缺点对比

模型	模型1	模型2
优点	传力形式简单、明确	整体受力合理
缺点	桥塔上受力集中，应力大	制作要求高

总结:综合对比以上两种模型,模型2的受力性能更好,结构形式更合理。最终确定的模型效果如图1所示。

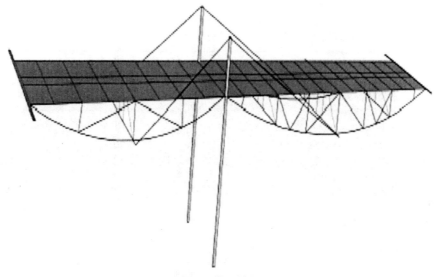

图1　模型效果

80.嘉兴南湖学院——三人行(本科组参赛奖)

(1)参赛选手、指导老师及作品

参赛选手	
王凯臻 徐吉尔 谢龙翔	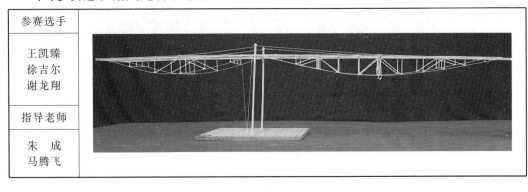
指导老师	
朱 成 马腾飞	

(2)设计思想

本赛题为"不等跨双车道拉索桥结构设计与模型制作",要求对模拟偏荷载作用下的不等跨拉索桥结构进行设计,目标是设计出承载能力强、刚度大和稳定性好的轻质不等跨拉索桥结构。我们基于结构构件的连接方式、受力特点、强度、刚度和稳定性等方面进行设计构思。

(3)模型方案设计

根据上述设计构思,我们设计、制作并试验了以下两种模型方案,其优缺点对比见表1。

表1 两种模型的优缺点对比

模型	模型1	模型2
优点	跨越能力大,拉索提供多点弹性支承,主梁弯矩挠度减小;可以充分满足桥下净空要求;刚度大,其竖向刚度与扭转刚度较大;风动力性能结构刚度好、桥型美观	跨越能力大、承载能力较强、传力路径较明确、构造简单、自重轻
缺点	自重较重、拉索受力控制不均,引起桥面坡度过大;设计计算难度大	部分构件加工难度大、模型稳定性不足、桥面整体刚度小

总结:综合对比以上两种模型,模型1自重较重、刚度大,拉索可以提供多点支撑;模型2虽然跨越能力大、自重轻,但整体稳定性不够、刚度较小。因此,我们选择模型1为最终方案,模型效果如图1所示。

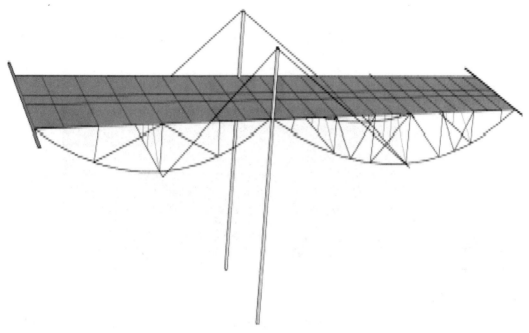

图 1 模型效果

81.浙江广厦建设职业技术大学——通途桥(本科组参赛奖)

(1)参赛选手、指导老师及作品

参赛选手	
范卓嘉 曾雨佳 林广震	
指导老师	
蒋聪盈 朱谊彪	

(2)设计思想

根据赛题要求,为了充分发挥材料的力学性能,主跨和次跨的主梁依据受力大小采用不同的截面形式。其中,主跨的主梁截面采用抗弯和抗扭性能均较好的矩形截面,次跨的主梁截面采用重量相对较轻的工字形截面。

采用双主塔结构,主塔和主梁进行刚性连接以提高桥梁结构的整体刚度。主塔采用矩形截面,惯性矩更大的一侧位于顺桥向。增加主塔底部与底板的接触面积,使主塔和底板更好地刚性连接。

(3)模型方案设计

基于上述分析和构思,综合桥梁体系、模型制作难度、桥型美观等方面,设计了如下3种模型方案。

①模型1

模型1为双塔不对称斜拉桥。主塔顺桥向采用A形塔,塔高600 mm,主塔杆件的截面是由3根截面尺寸为6 mm×1 mm的竹条组装而成的工字形截面。A形塔的顺桥向刚度大,有利于承受索塔两侧的不平衡拉力,减小塔顶的纵向位移和主梁挠度。主跨主梁采用由4根截面尺寸为6 mm×1 mm的竹条组装而成的矩形截面,次跨主梁采用由3根截面尺寸为6 mm×1 mm的竹条组装而成的工字形截面。斜拉索布置形式采用辐射形,所有斜拉索交汇于塔顶。辐射形布置能使每根斜拉索具有最大倾角,最大限度发挥斜拉索的作用。斜拉索材料均采用棉蜡线。横梁采用由2根截面尺寸为6 mm×1 mm的竹条组装而成的T形截面,横梁在顺桥向按一定间距布置以提高结构的整体刚度。张弦梁结构中的柔性拉索采用厚度为0.5 mm的竹皮材料按顺纹向裁剪后制作。张弦梁结构中的中间撑杆采用截面尺寸为3 mm×3 mm的竹条制作。主梁和主塔之间采用刚性连接,主塔和底板之间也采用刚性连接。制作模型时,在节点交汇处进行局部加强,以提高局部承载能力,避免结构发生局部破坏。

②模型 2

模型 2 为双塔不对称斜拉桥。主塔顺桥向采用单柱形,塔高 600 mm,主塔截面是由 4 根截面尺寸为 6 mm×1 mm 的竹条组装而成的矩形截面,惯性矩更大的一侧位于顺桥向。单柱形塔构造简单,但顺桥向的刚度较弱,塔顶位移较大。为了解决塔顶位移较大的问题,在塔的两侧分别设置 2 根拉索将主塔塔顶与底板相连,从而提高主塔顺桥向的刚度,减小塔顶位移。值得一提的是该拉索采用截面尺寸为 2 mm×2 mm 的竹条制作,这是因为竹材的弹性模量大于棉蜡线的弹性模量,试验表明该措施可以有效提高主塔顺桥向的刚度。主跨主梁采用由 4 根截面尺寸为 6 mm×1 mm 的竹条组装而成的矩形截面,次跨主梁采用由 3 根截面尺寸为 6 mm×1 mm 的竹条组装而成的工字形截面。斜拉索布置形式采用辐射形,所有斜拉索交汇于塔顶。辐射形布置能使每根斜拉索具有最大倾角,最大限度发挥斜拉索的作用。斜拉索材料均采用棉蜡线。横梁采用由 2 根截面尺寸为 6 mm×1 mm 的竹条组装而成的 T 形截面,横梁在顺桥向按一定间距布置以提高结构的整体刚度。张弦梁结构中的柔性拉索采用厚度为 0.5 mm 的竹皮材料按顺纹向裁剪后制作。张弦梁结构中的中间撑杆采用截面尺寸为 3 mm×3 mm 的竹条制作。主梁和主塔之间采用刚性连接,主塔和底板之间也采用刚性连接。制作模型时,在节点交汇处进行局部加强,以提高局部承载能力,避免结构发生局部破坏。

③模型 3

模型 3 为不等跨双悬臂梁桥。该模型取消了桥面以上的主塔而仅设置了桥墩,同时将主墩和主梁进行刚性连接,以提高模型的整体刚度。主墩截面是由 4 根截面尺寸为 6 mm×1 mm 的竹条组装而成的矩形截面,惯性矩更大的一侧位于顺桥向。2 个主墩顶部采用由 2 根截面尺寸为 6 mm×1 mm 的竹条组装而成的 T 形截面的构件进行连接。取消桥面以上的主塔部分可以达到减轻模型自重的目的,同时降低主墩失稳的可能性。主跨主梁采用由 4 根截面尺寸为 6 mm×1 mm 的竹条组装而成的矩形截面,次跨主梁采用由 3 根截面尺寸为 6 mm×1 mm 的竹条组装而成的工字形截面。该模型采用双主梁结构,2 根主梁之间通过设置横梁来增强横向联系,横梁采用由 2 根截面尺寸为 6 mm×1 mm 的竹条组装而成的 T 形截面,横梁在顺桥向按一定间距布置。张弦梁结构中的柔性拉索采用厚度为 0.5 mm 的竹皮材料按顺纹向裁剪后制作。张弦梁结构中的中间撑杆采用截面尺寸为 3 mm×3 mm 的竹条制作。制作过程中使主梁微微向上拱,让主梁尽可能承载压力、减少受弯,有利于主梁稳定。主梁和主墩之间采用刚性连接,主塔和底板之间也采用刚性连接。制作模型时,在节点交汇处进行局部加强,以提高局部承载能力,避免结构发生局部破坏。

总结:模型 1 和模型 2 均为不对称斜拉桥结构,两者的主要区别在于塔型的差异。模型 1 采用 A 形索塔,模型 2 采用柱形索塔;模型 2 的柱形索塔通过在塔的两侧分别设置 2 根截面尺寸为 2 mm×2 mm 的竹条制作的拉索将主塔塔顶与底板相连,以提高主塔顺桥向的刚度;相比于 A 形索塔,柱形索塔自重轻、制作简便;模型 1 和模型 2 采用的斜拉桥体系为高次超静定结构,几何非线性显著,理论计算相对复杂;斜拉索的索力在张拉过程中

217

存在互相干涉效应,即后张拉的斜拉索会对先张拉的斜拉索的索力产生影响,导致斜拉索的索力在实际制作过程中难以精准控制。相比于模型 1 和模型 2,模型 3 取消了桥面以上的索塔部分,该设计的优势有两点:一是降低了主塔的高度,减轻了模型自重;二是主塔发生失稳的概率大幅降低,因为压杆失稳的承载能力与杆件的长度成平方关系。模型 3 的结构形式比模型 1 和模型 2 都简单,传力路径明确、理论计算容易;模型 3 中采用的张弦梁结构刚柔并济,可充分发挥材料性能。

综上所述,最终确定的模型效果如图 1 所示。

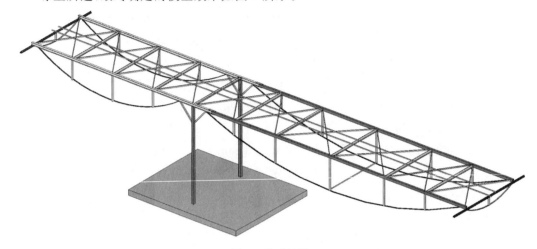

图 1　模型效果

82.同济大学浙江学院——阿拉斯加桥(本科组参赛奖)

(1)参赛选手、指导老师及作品

参赛选手	
曹　晖 庞来恩 应林吉	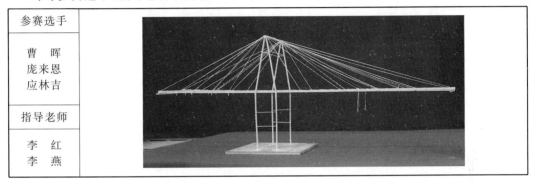
指导老师	
李　红 李　燕	

(2)设计思想

本赛题要求设计一个以拉索为主要承重构件的预应力桥梁结构体系,我们从柱子的形式、主梁横梁的截面等方面对结构方案进行构思。

赛题规定了各种截面能使用的数量,我们考虑选择造型简单、传力明确的模型,以减轻模型自重。

重点加固柱脚节点,防止结构加载时脱落。我们采用预先张拉绳索,释放其最大张力。布置绳索时,松紧要合适。

一级加载时,杆件下端承受拉力,上端承受压力。整个结构的主跨部分以受弯变形为主。我们设想通过箱形截面,使其承受主要弯矩,以此起到良好的抗扭作用。

二级加载时,需要控制速度和力度,保证小车的平稳运行。次梁的布置应该在小车轮距的范围内,尽量防止小车下陷。

(3)模型方案设计

①模型 1

模型 1 的主要承重结构构件为 4 根箱形结构构件,以 4 根箱形构件拼接为 H 形构件,2 个 H 形构件以工字钢相互连接形成主立柱。桥面板主梁采用 3 根受弯性能强的工字钢,其上铺置竹条将力均匀地传递到主梁上。在各构件连接处使用竹粉加固。

②模型 2

模型 2 的主要承重构件为 A 形槽钢加筋肋,桥面板两边主梁为 2 根工字钢,工字钢内部每隔 100 mm 布置筋肋,中间梁为 T 形梁,其上铺置竹条将力均匀传递至梁上。在构件连接处布置短小材料以增大接触面积,使得结构更加稳定。

③模型 3

模型 3 以角钢与 T 形钢的结合板为其主要承重柱的结构构件。先制作直塔,再与桥面板胶结并拉绳。桥面板主梁以 2 根 T 形钢为主梁,并用 T 形钢相互连接。桥梁面板中心处布置拉索。

表1中列出了3种模型的优缺点对比。

表1 3种模型的优缺点对比

模型	模型 1	模型 2	模型 3
优点	稳定性高、承重性强	抗扭、承载能力强、结构简单	承重力强、稳定性高
缺点	工艺要求高、制作时间长	上部受扭大、容易破坏	自重重、制作时间长

总结:经综合对比,我们选择模型3为最终方案。模型效果如图1所示。

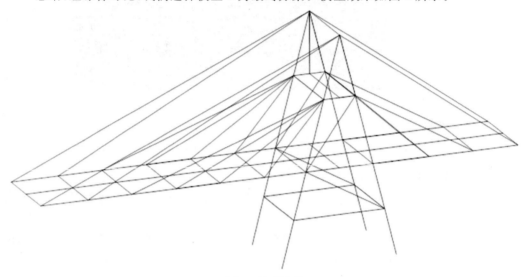

图1 模型效果

83.浙江工商职业技术学院——走南闯北(高职高专组参赛奖)

(1)参赛选手、指导老师及作品

参赛选手	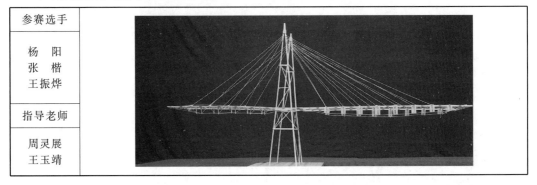
杨　阳 张　楷 王振烨	
指导老师	
周灵展 王玉靖	

(2)设计思想

根据赛题要求,我们在设计时遵循了结构外形美观、受力清晰、传力明确、结构稳定的原则。以简洁的造型进行加载测试,在保证结构所有相应指标满足要求的前提下,尽量减轻结构自重,同时又能承受最大荷载。

本赛题要求桥梁不仅要承受振动荷载,还要承受一定的偏载作用。在制作模型时,需考虑施加在结构本身的荷载,例如结构自重、桥面板的重量。一级加载时,小车在主跨跨中,且该部位还有一个重锤的振动荷载,以考查桥面刚度和抗倾覆能力。二级加载考查桥梁在偏载和移动荷载作用下的承载能力。

通过研究和分析,结构方案的设计主要围绕桥梁的主墩进行。主墩可以采用 A 形和中心立柱式两种形式。经过多次模拟试验,我们最终选择了 A 形主塔结构。

(3)模型方案设计

我们对 A 形主墩和上下组合主墩两种桥梁结构模型的优缺点进行了对比分析,结果如表 1 所示。

表 1　两种模型主墩的优缺点对比

模型	模型1(A 形)	模型2(上下分体式)
优点	结构稳定、支座简单	自重较轻
缺点	自重稍重	结构复杂、制作难度大

总结:经综合对比,考虑主墩制作的难易程度和桥梁结构的稳定性,我们最终确定采用 A 形主墩,该主墩桥梁的模型效果及实物如图 1 所示。

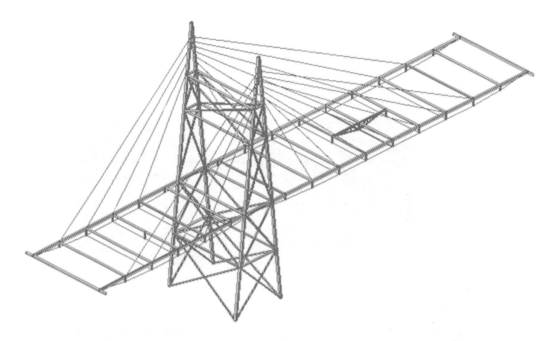

图 1　模型效果及实物

84. 宁波财经学院——振兴机自桥（本科组参赛奖）

（1）参赛选手、指导老师及作品

参赛选手	
温如奇 郭奕烜 张俊杰	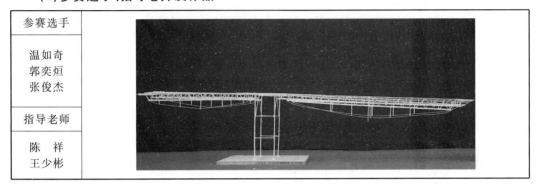
指导老师	
陈　祥 王少彬	

（2）设计思想

本赛题为"不等跨双车道拉索桥设计与模型制作"，我们从模型名称、模型结构、模型制作、模型承重等方面对结构方案进行构思。

①模型名称

模型取名为振兴机自桥，这个名字是我们对本次竞赛的期望，也是我们对自己的期望。我们以努力和认真的态度对待这座桥，以同样的态度对待我们的专业，振兴机自、发展自我。

②模型结构

基于已有的研究成果和资料，桥面的设计参考了江苏五峰山长江大桥的结构，并运用MidasCivil 软件进行分析，建立了振兴机自拉索桥分析模型。

③模型制作

本模型为限时制作。我们尝试了多种制作方式，从各个模型中取长补短，不断加强模型的制作工艺，提高制作效率。

④模型承重

本模型须满足两级加载。一级加载为铁块自重加载和弹簧冲击加载，在主跨跨中小车上放置 4 个砝码，在次跨小车上放置 2 个砝码，再将重锤和弹簧装置悬挂在偏载侧主跨跨中桥面上边缘的绳套上。一级加载的 6 个砝码、重锤、桥面板重量为 11.5 kg。二级加载保持一级加载中的重锤和弹簧不动，将 2 辆小车分别移至 2 条车道的桥面板端部，两车头相向，规定 2 辆小车上的砝码数量比为 1∶2，由参赛选手选择 1（＋2）个或 2（＋4）个或3（＋6）个砝码组合中的一种，并将配重重的小车放置在偏载侧。启动小车，小车的行驶时间控制在 20 s 左右。二级加载的砝码、桥面板和重锤的重量为 8.5 kg 或 11.5 kg 或 14.5 kg。

(3)模型方案设计

表1中列出了3种桥跨结构模型的优缺点对比,表2中列出了3种桥面模型的优缺点对比。

表1　3种模型桥跨结构的优缺点对比

序号	桥跨结构模型	优点	缺点
1	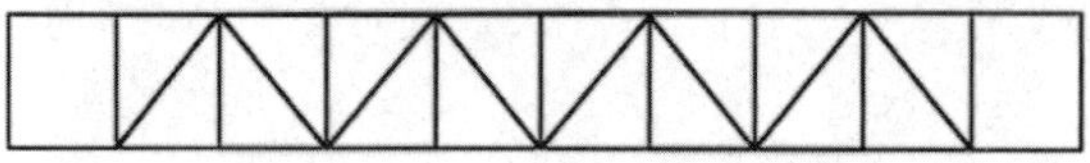	支撑力强,抗压、抗拉力强	自重太重、制作烦琐、费时费材
2	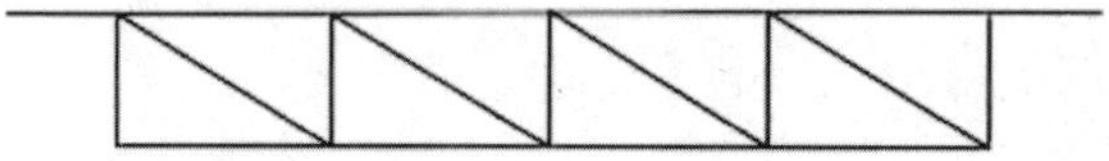	制作简单、自重较轻	两端无过度,抗拉力弱、易断裂
3	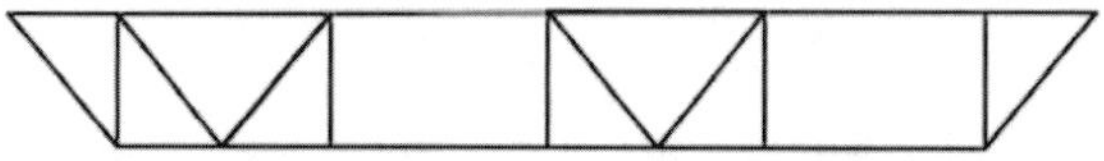	自重轻、制作快、支撑力强	制作工艺要求较高

表2　3种模型桥面的优缺点对比

序号	桥面模型	优点	缺点
1	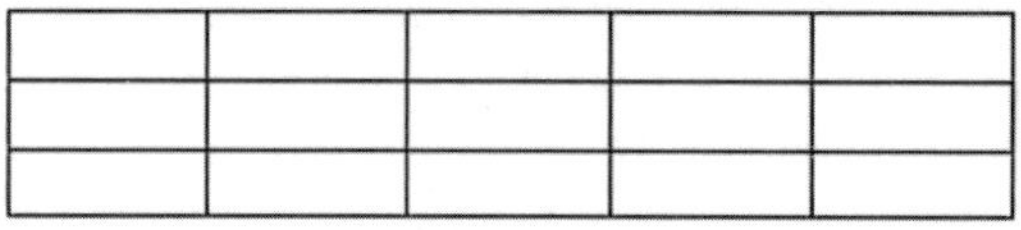	制作简单方便	容易造成侧翻或小车卡顿
2	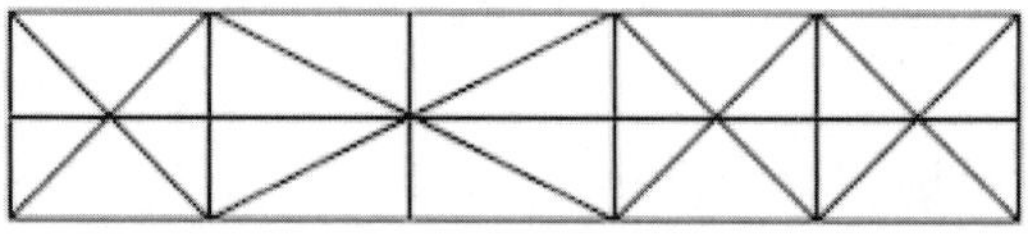	小车行驶稳定	制作烦琐,自重太重
3	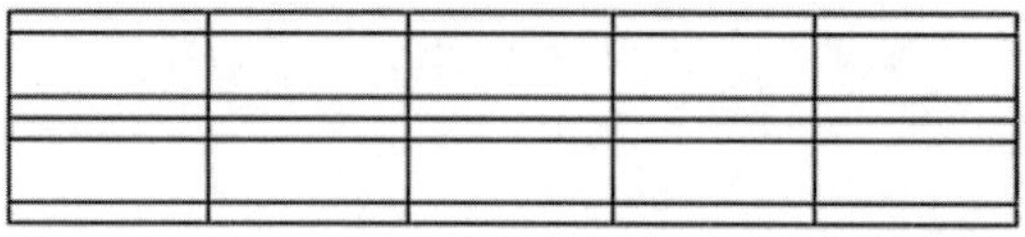	制作简单,自重轻	容易变形,棉线受力大

总结:桥跨结构模型3在限时竞赛中更便于制作,且承载能力强,因此选择桥跨结构模型3;桥面模型3更加合理,因此选择桥面模型3。

85.宁波城市职业技术学院——再别康桥(高职高专组参赛奖)

(1)参赛选手、指导老师及作品

参赛选手	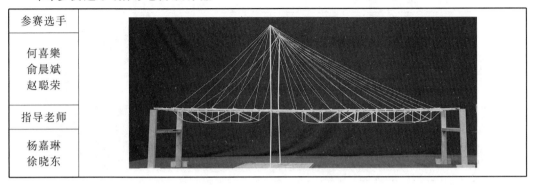
何喜樂 俞晨斌 赵聪荣	
指导老师	
杨嘉琳 徐晓东	

(2)设计思想

斜拉桥是由承压的塔、受拉的索与承弯的梁体组合而成的一种结构体系。斜拉桥作为一种拉索体系,比梁式桥的跨越能力更大,是大跨度桥梁的最主要桥型。斜拉桥由许多直接连接在塔上的钢缆吊起桥面。索塔形式有 A 形、倒 Y 形、H 形、独柱,斜拉索布置有单索面、平行双索面、斜索面等。此外,斜拉桥可以使结构充分利用材料的受力特性,从而减轻结构自重、节省材料。

三角形结构是最稳定的,因此我们选择以柱状为主力杆,用三角形进行固定。在承受最大荷载的情况下,使模型稳定,从而达到更好的安全性能。考虑到重量以及承重问题,可以把部分杆件和部分构件做成空心,在减轻重量与节省材料的同时,让杆件的作用不受影响。

(3)模型方案设计

模型 1 为重型桥塔形式,模型 2 为双塔加载形式,模型 3 为单塔兼顾形式。表 1 中列出了 3 种模型的优缺点对比。

表 1　3 种模型的优缺点对比

模型	模型 1	模型 2	模型 3
优点	承载能力强	结构稳定	自重轻
缺点	自重重	自重重	稳定性一般

总结:经综合对比,我们选择模型 3 为本次参赛模型。

86.浙江安防职业技术学院——鸿锦桥(高职高专组参赛奖)

(1)参赛选手、指导老师及作品

参赛选手	
刘智博 赵 坚 吴廷洋	
指导老师	
岳 伟 纪晓佳	

(2)设计思想

本赛题对于桥梁的设计进行了不一样的定义:首先通过偏载的可选性考查我们基于不同荷载做出不同设计方案的能力;其次通过对桥梁模型施加两级加载,考查桥梁承受不同组合荷载的能力;最后通过对支座位置的限制(将支座的距离限制在距桥台 600 mm 处,形成不等跨结构),增加了考查的复杂性。静荷载加载位置于赛前确定,而偏心荷载的施加位置由专家现场指定。一级加载时,荷载施加在主跨和边跨的中间,通过弹簧模拟风荷载带来的偏振影响;二级加载时,通过小车的移动于模拟桥梁承受移动荷载的能力。

本赛题相较于以往的赛题,虽然难度较大,但是对于我们来说,也是一个检验专业学习效果的良机。因此,我们秉持严谨求实、勇于创新的精神,从结构选型、合理性以及重量等方面对结构方案进行构思。

(3)模型方案设计

根据赛题要求,我们分别制作了以下 3 种模型。

①模型 1

模型 1 为纺锤斜拉桥。桥面为三角形桁架结构,将桥面置于两支座上,相当于简支的悬臂结构。在荷载点施加集中荷载时,集中荷载通过桥面传递至主梁,再通过主梁的桁架结构将力传递到支座。桥塔为纺锤形,有足够的强度。施加静力荷载、偏心荷载以及动载时,挠度不能过大。因此,桥面和桥塔须有足够的刚度以满足要求。

②模型 2

模型 2 为斜拉组合桥。模型 2 在模型 1 的基础上将桥面的桁架结构改为矩形,将悬臂端的跨桥支座改为支座上加斜拉塔,着重增加斜拉构件,使桥梁的传力方式不再仅由主梁上的桁架结构向下传递至支座。施加荷载时,斜拉物件可以将桥面紧紧拉住,将主梁上的一部分力传递至塔柱,再由塔柱竖直向下传递,使得主体的桁架结构受力不再像模型 1 的那么大,进而减小中部的挠柱度。模型 2 要求塔柱具有足够的强度和稳定性,斜拉拉索一定要拉紧,以及拉索连接等都必须精准把控,保证施加荷载后杆件不会发生屈曲或者失稳。

③模型3

模型3为独塔桁架斜拉桥。模型3将主跨桁架结构中的竹杆改为棉蜡线以减轻模型自重,增加桥面的整体性,避免出现模型1中桥梁松垮的情况。模型3将2根柱的桥塔改为单根柱桥塔,并在边跨一侧增加拉索防止桥梁在主跨部分出现破坏。基于MidasCivil软件的分析结果,整个桥面能够充分发挥棉蜡线的抗拉性能,承受一定的变形不至于发生严重破坏,同时节省了材料。

总结:经综合对比,我们选择模型3为最终方案,模型效果如图1所示。

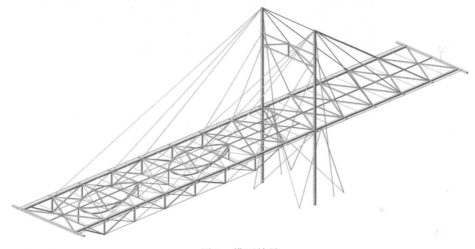

图1　模型效果

87.义乌工商职业技术学院——跨越山海（高职高专组参赛奖）

（1）参赛选手、指导老师及作品

参赛选手	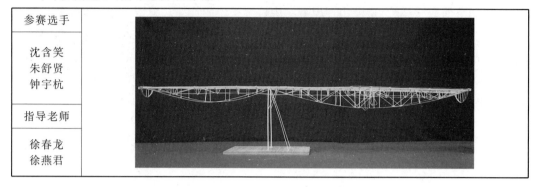
沈含笑 朱舒贤 钟宇杭	
指导老师	
徐春龙 徐燕君	

（2）设计思想

本赛题考虑广义上的拉索桥结构在竖向振动载荷和车道载荷作用下的刚度、强度和稳定性问题。因此，我们从结构所受载荷、结构冗余度、结构形式和传力路径等方面对结构方案进行构思。

①结构所受载荷

一级加载时，结构受到重锤和弹簧共同作用导致的竖向振动，此外还有小车静载荷作用。结构需要具有一定的刚度和强度，以保证结构不断裂和侧翻。二级加载时，结构受到不同配重的车道载荷和重锤载荷，结构在车辆交会处、主跨跨中、次跨跨中需要具有较高的强度，以保证结构安全。

②结构冗余度

在受力较大的位置，结构应具有一定的冗余度，保证结构的可靠性。同时，尽量减少其他区域的构件数量，减轻模型自重。

③结构形式

结构形式选择空间桁架结构，具有一定的刚度。在加载试验过程中，空间桁架结构展现出了令人满意的效果。同时，该结构能够较好地控制模型自重，设计简洁、美观、大方。

④传力路径

充分利用竹材力学性能单一的特点，减少传力路径中的构件数量，实现传力路径的简单化、清晰化，从而明确构件受力压力。

（3）模型方案设计

根据方案构思，我们初步设计了两种模型：模型1为斜拉索桥，模型2为张弦梁式桥。

①模型1

模型1的拉索和主墩采用格构柱形式，由4个边长为7 mm的空心柱组成桁架结构，保证索塔不发生失稳。将索塔与次跨跨中区域、主跨跨中区域用绳索相连，分担由外载荷产生的弯矩。此外,将斜拉索通过中心线左右各 50 mm 处,与底板直接相连。

②模型 2

模型 2 的主墩工字形截面柱由截面尺寸为 3 mm×3 mm 的竹材构成,提供支撑力。主跨部分采用空间桁架结构,次跨适当减少构件数量,以减轻构件自重。桥面部分采用由 2 根空心柱和 2 根 T 形梁制成的 4 根纵梁,提供支撑小车的载荷。

表 1 中列出了两种模型的优缺点对比。

表 1　两种模型的优缺点对比

模型	模型 1	模型 2
优点	结构整体刚度高、强度好、传力路径简单,对模型的制作工艺要求不高	结构整体传力路径明确、结构形式简洁、自重轻
缺点	构件在不同的工况下既受拉又受压;对于斜拉索,在受压条件下,长细比过大、容易失稳,不能发挥出结构的功能,因此需要增加结构的冗余度,从而导致结构自重重	对模型的制作工艺要求较高

总结:综合对比以上两种模型,最终确定的模型效果如图 1 所示。

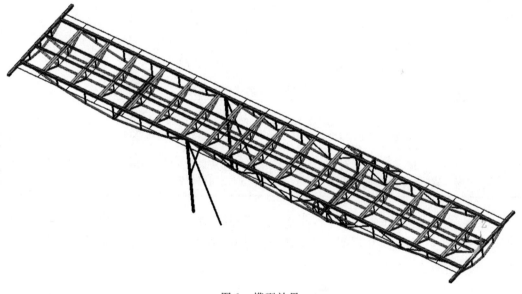

图 1　模型效果

88.丽水职业技术学院——山止川行（高职高专组参赛奖）

（1）参赛选手、指导老师及作品

参赛选手	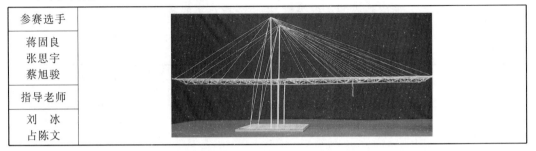
蒋固良 张思宇 蔡旭骏	
指导老师	
刘　冰 占陈文	

（2）设计思想

本赛题为"不等跨双车道拉索结构设计与模型制作"。一级加载时，左右桥面在跨中受集中荷载作用，长跨跨中承受冲击荷载，因此对桥面抗弯、抗剪、抗扭都有较高的要求。基于此，本方案的桥面采用立体桁架形式，通过增加桥面高度来抵抗弯矩；通过斜杆增加传力途径，实现结构的多次超静定，从而增加结构的稳定性和安全性。

（3）模型方案设计

表1中列出了两种模型的优缺点对比。

表1　两种模型的优缺点对比

模型	模型1	模型2
优点	刚度较大、抗弯能力较强、传力途径多	模型自重较轻、连接节点少、模型简单
缺点	桥面结构连接节点复杂，对工艺要求高，难以保证各节点连接的有效性	桥面主要为拉线形式，抗弯能力不足，桥面受力时整体挠度较大

总结：经综合对比，模型1虽然自重重，连接节点复杂，对工艺要求较高，但其对应的桥梁结构体系的抗弯、抗扭性能以及整体稳定性能都较强，因此我们选择模型1为最终方案，模型效果如图1所示。

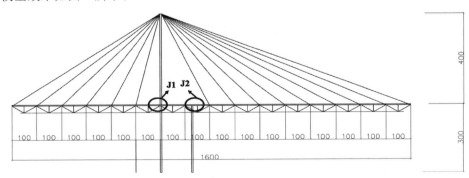

图1　模型效果（单位：mm）

89.浙江大学——云龙桥(本科组参赛奖)

(1)参赛选手、指导老师及作品

参赛选手	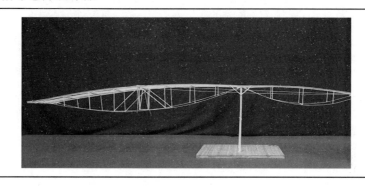
陈建业 叶子豪 李欣阳	
指导老师	
万华平 邹道勤	

(2)设计思想

根据赛题要求,我们在设计中面临多个关键的决策点。首先,对于桥柱模型,我们进行了深入的结构与杆件截面分析,分别对格构柱、箱形梁以及桁架 3 种常见结构类型进行了测试,每种结构都有其独特的优势,但考虑到结构自重和加工难度,我们最后选择了具有轻质和易加工特点的箱形梁。其次,对于桥梁类型,我们详细研究了 3 种主流的拉索桥型:悬索桥、斜拉桥和张弦梁桥。根据赛题要求,桥面两端缺乏锚定点,使得悬索桥结构在本次设计中被排除。通过对斜拉桥的模拟分析,我们发现在特定的工况下,其冗余度较高,可能会带来不必要的材料浪费。因此,我们转向考虑张弦梁体系,这种体系不仅在荷载分布上具有优越性,还允许我们应用拓扑优化方法,精确计算底部撑杆的尺寸和位置,实现最佳的结构性能。最后,对于桥梁跨度,尤其是在两跨桥梁间距较大时,通行性能成为一个关键的考量因素。为此,我们设计了 T 形杆件与桥梁主体进行插接。这种设计不仅增强了整体结构的稳定性,还提供了额外的支撑点。此外,我们在 T 形杆件中央添加了与桥梁平行的竹条和绳索,旨在确保桥面在承受荷载时具备足够的强度和稳定性,更有利于进行挠度控制。

(3)模型方案设计

①模型 1

模型 1 为传统的悬索桥结构,该结构强度能够满足赛题要求,但是结构自重较重,并且很难在结构上进行创新。

②模型 2

在模型 1 的基础上,我们希望在保持结构强度的同时尽可能减轻结构自重,因此模型 2 采用格构柱桥塔,并且使用张弦梁支撑桥面,从而保证强度的同时减轻自重。

③模型 3

在模型 2 的基础上,我们进一步简化了桥梁结构,模型 3 仅采用桥面下张弦梁的结构用于支撑,从而进一步减轻结构自重。我们通过施加预应力来保证其强度。

表 1 中列出了 3 种模型的优缺点对比。

表 1　3 种模型的优缺点对比

模型	模型 1	模型 2	模型 3
优点	有足够的强度,有比较好的荷重能力	自重轻、强度较大	自重轻、制作方便
缺点	自重太重,且桥面板底部的支撑梁内力较大,容易断裂。同时该结构连接点较多,对手工制作的要求比较高	该结构的关键在于格构柱的制作,格构柱的制作较为复杂	结构强度相较于前两种较小

总结:经综合对比,模型 3 的荷重比比较理想,制作可行性也较高,并且其形变和挠度在可调控范围内,因此我们选择模型 3 为本次参赛模型。

90.宁波财经学院——努力搭桥(本科组参赛奖)

(1)参赛选手、指导老师及作品

参赛选手	
陈笑涵 娄文翰 黄 琪	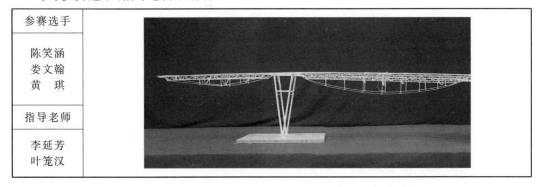
指导老师	
李延芳 叶笼汉	

(2)设计思想

本赛题为"不等跨双车道拉索桥"结构设计与模型制作。模型取名为努力搭桥,体现我们搭桥的努力。拉索桥采用4根竹条制作桥面,以此支撑轨道,使得桥面简单大方。

(3)模型方案设计

表1中列出了斜拉桥和张弦桥两种桥梁结构模型的优缺点对比,表2中列出了3种桥跨结构模型的优缺点对比,表3中列出了两种桥墩模型的优缺点对比。

表1 两种桥梁结构模型的优缺点对比

序号	桥梁结构模型	优点	缺点
1		斜拉桥,制作较简单,将桥梁的一部分扭转力转移至桥墩处	拉线困难,桥墩顶点受力大,容易产生形变
2		张弦桥,不用悬索,自重轻	制作工艺复杂

表 2　3 种桥跨结构模型的优缺点对比

序号	桥跨结构模型	优点	缺点
1		结构抗扭转能力好、自重较轻	制作工艺偏复杂
2		桁架梁结构,制作简单、抗扭转能力好	用材较多,且连接节点工艺难度偏大、易断裂
3		鱼腹式梁结构,结构更为精良,自重轻	连接节点有弧度,制作困难

表 3　两种桥墩的模型优缺点对比

序号	桥墩模型	优点	缺点
1		四角塔结构,外形坚实敦厚、制作简单	需要的材料多,对连接节点制作的要求高
2		倒金字塔结构,自重轻、结构简单;有效分散桥梁受力,结构更稳定	制作工艺复杂

总结:张弦桥自重轻、承载能力强,因此整体桥梁结构选择张弦梁桥结构;桥跨结构选择桁架式和鱼腹式的组合结构;桥墩结构选择倒金字塔结构。

我们以空间桁架有限元模型为理论基础,运用 MidasCivil 软件进行有限元分析,建立努力搭桥的受力分析模型。采用多种模型结合的方法,使模型外观美观、自重较轻、装配简单且牢固,有利于限时操作;工艺上也得到一定的改良。

91.台州职业技术学院——菩提老祖(高职高专组参赛奖)

(1)参赛选手、指导老师及作品

参赛选手	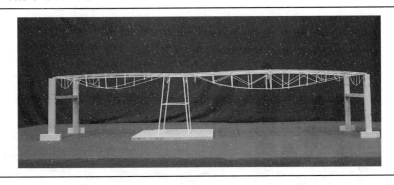
贾　俊 倪琦璇 费乾涛	
指导老师	
项　伟 邱巧巧	

(2)设计思想

本赛题为"不等跨双车道拉索桥结构设计与模型制作",基于竞赛规则,桥梁的设计目标如下:①桥梁的造型应具有美观性、新颖性,体现设计美感,杜绝花哨繁复;②结构受力合理,传力清晰、简洁;③结构在满足荷载要求的前提下,力求轻盈,兼顾经济性,体现结构轻质高强的优点。

(3)模型方案设计

①模型1

考虑到斜拉桥的受力特征,即主梁受弯、索塔承压(非对称索力下塔身还将受弯)、拉索受拉,其中塔身以截面受压为主,材料利用率较高,因此模型1采用H形塔身方案。为了避免塔身在荷载作用下发生侧倾乃至倾覆,须与底板进行固定连接,并在塔顶设置风撑以维持侧向稳定;桥面纵梁部分同样需要一定的刚度,以满足荷载作用下强度和刚度的要求。考虑到拉索的作用效应,主梁更加关注截面的刚度问题,以保障小车在行驶过程中的平顺性。作为最重要的受力和传力装置,拉索的设置直接关乎结构的成败,除设置足够数量的拉索道数之外,还应关注拉索类桥梁在索力不均衡下容易发生扭转侧倾的问题。

因此,模型1采用对称的双索面形式,与主梁和塔身进行连接。上述主梁、索塔、拉索构成模型的主受力构件。

②模型2

针对模型1的不足之处,模型2采用张弦式梁桥,即采用2根纵梁作为刚性构件上弦,竹条作为柔性拉索,中间连以撑杆形成组合结构体系。受力机理为下弦拉索主要承受拉力,而撑杆受压对上弦梁提供弹性支撑,通过在下弦拉索中施加预应力使上弦梁产生反挠度,结构在荷载作用下的最终挠度得以减少。由此可见,张弦梁结构可以充分发挥高强索的抗拉性能,使压弯构件和抗拉构件取长补短、协同工作,达到自平衡,从而发挥每种结构材料的作用。此外,由于张弦梁结构是一种自平衡体系,支撑结构的受力将大为减少。

表 1 中列出了两种模型的优缺点对比。

表 1 两种模型的优缺点对比

模型	模型 1	模型 2
优点	造型美观、结构富有张力、主体结构比较稳定	主桥竖向刚度大、承载能力强、受力合理,传力清晰、自重较轻
缺点	塔身较柔,须严格控制塔柱尺寸;桥面抗扭刚度偏小、易扭转侧倾	张弦制作工艺难度较大、桥面抗扭刚度偏小、易扭转

总结:经综合对比,我们选择模型 2 为最终方案,模型效果如图 1 所示。

图 1 模型效果

92.丽水职业技术学院——风禾尽起(高职高专组参赛奖)

(1)参赛选手、指导老师及作品

参赛选手	
黄　磊 胡　凯 陈景祥	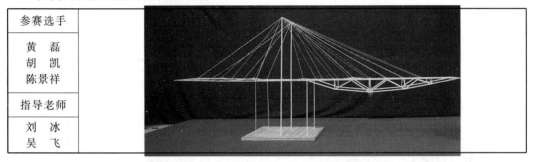
指导老师	
刘　冰 吴　飞	

(2)设计思想

根据赛题要求,我们从桥面结构、桥墩结构、拉索形式以及结构各部件间的连接等方面进行结构方案构思。

索塔的主要受力形式为压弯构件,索塔由以下3个部分组成:①主索塔——主索塔高650 mm,由4个竹片围成空心矩形,主桥墩对称设置;②横梁——横梁位于主索塔上,横梁截面为T形截面;③索塔支撑——从主桥墩往长跨方向位置设置2根竖向支撑,支撑杆件长300 mm,截面为三角形截面。

索塔结构构件的截面形状选用空心矩形、空心三角形截面等来增大截面的惯性矩,从而增强构件的抗弯性能。

桥面的受力形式为弯、剪、扭复合受力,桥面由桥面结构和桥下结构组成:①桥面结构——桥面外框采用空心三角形,以增强桥面的抗弯和抗扭性能;在桥面中部设置桥面横隔,以增强桥面的承载能力和桥面的整体性;②桥下结构——长跨部分桥下结构采用鱼腹式预应力支撑布置,拉索部分通过棉蜡线代替实际桥体结构中的索,索的左右两边分别连接长跨和短跨的桥面节点,从长跨节点穿过主索塔连接短跨桥面,桥体结构左右对称拉索。

(3)模型方案设计

表1中列出了两种模型(见图1、图2)的优缺点对比。

表1　两种模型的优缺点对比

模型	模型1	模型2
优点	刚度较大、抗弯能力较强、传力途径多	模型自重较轻、连接节点少、局部承载能力强、模型简单
缺点	桥面结构连接节点复杂,对工艺要求高,难以保证各节点的连接有效性	桥面主要为拉线形式,抗弯能力不足,桥面受力时整体挠度较大

总结:经综合对比,虽然模型2的桥面主要受力构件为棉蜡线,桥面抗弯、抗扭性能有

限,但模型 2 的局部强度较高、自重较轻、结构整体承载能力强,整体稳定性尚可。最终确定的方案为模型 2。

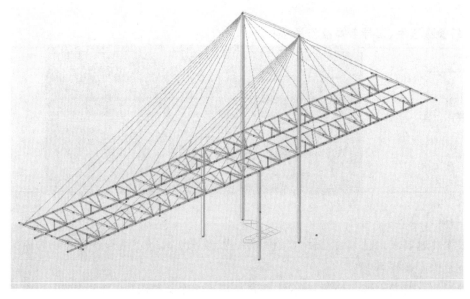

图 1　模型 1

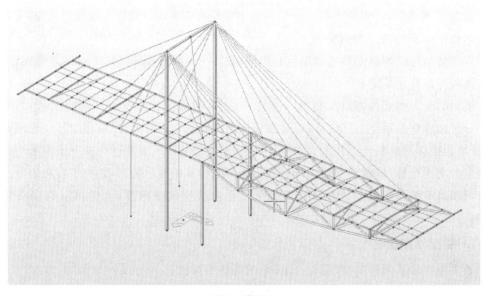

图 2　模型 2

93. 宁波城市职业技术学院——云梦桥(高职高专组参赛奖)

(1)参赛选手、指导老师及作品

参赛选手	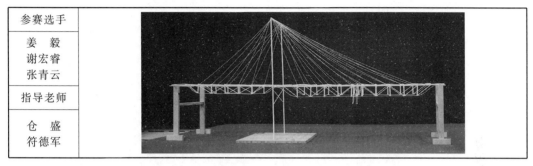
姜　毅 谢宏睿 张青云	
指导老师	
仓　盛 符德军	

(2)设计思想

本赛题为"不等跨双车道拉索桥结构设计与模型制作",我们从主梁、索塔、斜拉索等方面对结构方案进行构思。

主梁——斜拉桥的主要受弯构件,由于受到斜拉索的弹性支承,弯矩较小,使得主梁的尺寸大大减小,结构自重显著减轻。

索塔——斜拉桥的主要受力构件,除自重引起的轴力外,还有水平荷载以及通过拉索传递至塔的竖向荷载(活载)和水平荷载。

斜拉索——主要把主梁自重及其承担的荷载传递至桥塔上,需要调整主梁和桥塔的内力分布以及线形。

(3)模型方案设计

模型 1 为装甲重塔模型,模型 2 为双桥面拱形模型,模型 3 为四两拨千斤模型。

表 1 中列出了 3 种模型的优缺点对比。

表 1　3 种模型的优缺点对比

模型	模型 1	模型 2	模型 3
优点	稳定性好	桥面承重能力强	自重轻、桥面承重能力强
缺点	自重重、桥面承载能力弱	无法体现拉索的作用	稳定性一般

总结:经综合对比,最终确定的方案效果及模型实物如图 1 所示。

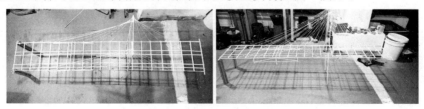

图 1　方案效果及模型实物

94.温州职业技术学院——晴空桥(高职高专组参赛奖)

(1)参赛选手、指导老师及作品

参赛选手	
朱宇宁 汪晨笛 徐安盈	
指导老师	
徐成豪 卢声亮	

(2)设计思想

根据赛题要求和移动荷载的特性,通过合理设计两跨桥梁的结构体系,获得较好的刚度和稳定性,以承受规定的模拟风荷载和移动荷载作用,并且做到模型尽可能轻质。我们通过以下思路进行设计:①选择合理的结构体系,使桥梁刚度适中,同时具有较高的抗倾覆力,满足加载要求;②充分利用材料性质,差异化利用结构构件的形状和尺寸;③利用有限元软件进行仿真试验并有针对性地优化结构形式。

(3)模型方案设计

我们对斜拉桥和悬索桥这两种最主流的拉索桥形式进行了比较。悬索桥能够充分发挥材料的受拉性能,跨越能力更强,同时对桥塔高度的要求较小。悬索桥的主要优势来自主缆的地锚,其将水平力传递至大地。但本赛题无地锚条件,而自锚式悬索桥严格来说近似简支结构,柔度较大,且主缆水平分力从主梁两端施加,不利于稳定。斜拉桥是高次超静定结构,拉索通过桥塔锚固,力能直接传递至锚固面,刚度更大,有利于一级加载时保证桥面不倾覆。同时,斜拉桥水平分力逐级递增,从跨中到桥塔逐渐增加,有利于稳定。综上,我们选择斜拉桥作为本次参赛模型。

①桥塔模型

索塔设计必须适合拉索的布置,传力应简单明确。在恒载作用下,索塔应尽可能处于轴心受压状态。因此,我们考虑了多种桥塔形式。为了提高模型抵抗偏载的能力,采用双索面布置。桥塔横桥向采用稳定性较高的 H 形布置,纵桥向采用结构简单、力线清晰的独柱式桥塔。

②桥面布置

由于棉蜡线的弹性模量较小,在桥塔高度较低、拉索角度较小时,棉蜡线对减小桥面在荷载作用下的挠度的作用较为有限。因此,在不影响通航条件的前提下,合理利用桥面下部空间。经多次加载试验与理论分析,我们决定在主跨下布置张弦桁架结构,通过对下部柔性拉索施加预应力,使桥面轻微起拱,从而提升受力较大的桥面主跨跨中位置的抗弯能力,同时将两侧主梁下部桁架进行连接,以提升桥面的整体抗扭能力。

③拉索布置

在主梁承受荷载之前,必须对斜拉索进行预张拉。预张拉力可以给主梁一个初始支承力,以调整主梁的初始内力,使主梁受力状况更趋均匀合理,并提高斜拉索的刚度。为了降低桥塔的高度,同时减少桥塔所受弯矩,最初我们采用密索布置,长跨布置 7 根拉索,短跨布置 4 根。但在实际制作时,我们发现绑扎难度较大,拉索布置过密使预应力的施加难以控制,导致相邻棉线松弛。因此,我们减少了拉索的数量,主跨布置 4 根,次跨布置 2 根。

此外,在试验过程中我们发现,由于单根棉蜡线的弹性模量太小,不足以提供桥面所需的刚度,因此我们将多股棉蜡线撮合成单根拉索,通过增大截面来提高拉索的受拉刚度。主跨单根拉索采用 4 股棉蜡线,次跨单根拉索采用 2 股。

我们主要对比了以下几种不同的桥塔形式。

①模型 1

单边桥塔采用平面桁架,桁架两侧立杆采用 4 根截面尺寸为 6 mm×1 mm 的竹条黏合成截面尺寸为 8 mm×6 mm 的空心方杆,中间腹杆采用截面尺寸为 3 mm×3 mm 的竹条。

②模型 2

单边桥塔采用方形截面的空间桁架,4 根立杆采用截面尺寸为 3 mm×3 mm 的竹条,腹杆采用截面尺寸为 2 mm×2 mm 的竹条。

③模型 3

单边桥塔采用三角形截面的空间桁架,3 根立杆采用截面尺寸为 3 mm×3 mm 的竹条,腹杆采用截面尺寸为 2 mm×2 mm 的竹条。以上 3 种模型见图1。

图 1　桥塔模型

表1中列出了3种模型的优缺点对比。

表 1　3 种模型的优缺点对比

模型	模型 1	模型 2	模型 3
优点	纵桥向刚度最大、制作方便	各方向刚度均较大	刚度分布合理,满足模型需要
缺点	横桥向刚度低、桥塔自重重	桥塔质量偏大、制作费时	制作费时

总结:综合对比桥塔在一、二级加载下的变形与应力,模型1是平面桁架,在一级加载时无法承受横桥向荷载,容易导致底面黏结破坏;模型2纵桥向和横桥向刚度一致,但本次竞赛的纵桥向荷载远大于横桥向荷载;因此,我们在模型2的基础上削弱横桥向刚度,将方形截面替换为三角形截面,从而节省一部分耗材。最终确定的模型效果如图2所示。

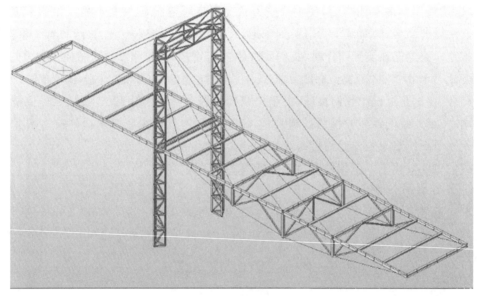

图2 模型效果

95. 浙江工商职业技术学院——东奔西走(高职高专组参赛奖)

(1)参赛选手、指导老师及作品

参赛选手	
朱琼玮 丰晋泽 陈 威	
指导老师	
周灵展 王玉靖	

(2)设计思想

本赛题为"不等跨双车道拉索桥结构设计与模型制作",模型结构形式限定为拉索桥(即以拉索为主要承重构件的预应力桥梁结构体系),如斜拉桥、悬索桥等,具体索塔形式和拉索布置方式不限,但桥梁模型须体现以拉索为主要承重构件。下面对斜拉桥和悬索桥进行对比分析。

斜拉桥具有结构合理、外观优美、跨度较大、抵抗恶劣气候能力强、建造便捷等优点。因此,斜拉桥成为大跨度桥梁最为重要的形式之一。图1为采用斜拉索形式的铁罗坪特大桥。

图1 铁罗坪特大桥

悬索桥也是我国常用的特大型、大型桥梁的桥型之一,这些桥梁基本都修建在各个交通要道,投资巨大。在各种桥梁类型中,其早期的建设费用和后期的维修费用都是最高的。鉴于巨大的车流量,在运营阶段,悬索桥就在交通运输中扮演着重要角色。

(3)模型方案设计

在模型制作时,一方面我们将桥面刚度和稳定性调整到比较合理的范围;另一方面我们对主墩进行了对比分析,分别采用了 A 形主墩和桁架式主墩两种结构形式。下面对两种主墩的支撑性进行对比分析。表 1 中列出了两种主墩的优缺点对比。

表 1　两种主墩的优缺点对比

模型	模型 1(A 形塔)	模型 2(桁架式主墩)
优点	结构稳定、制作方便、工艺简单、可靠性高	自重轻
缺点	结构自重较重	工艺复杂、制作时间较长、扭转变形大

总结:桁架式主墩虽然缺点较多,但其自重较轻的优势也非常明显。我们一致认为,在桥面结构刚度及稳定性足够的情况下,桁架式主墩的缺点是可以克服的。因此,桥梁主墩采用桁架式结构。最终确定的模型效果图如图 1 所示。

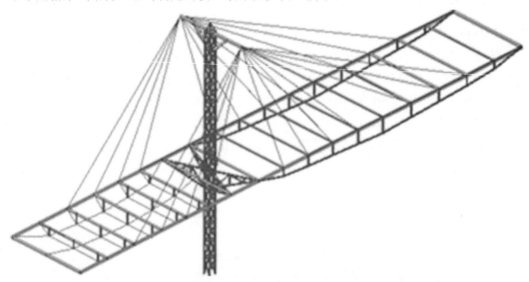

图 1　模型效果

96.嘉兴职业技术学院——海纳百川(高职高专组参赛奖)

(1)参赛选手、指导老师及作品

参赛选手	
张海滨 邱榕倍 曹佳慧	
指导老师	
常中权 章晴雯	

(2)设计思想

我们主要从结构形式、细部结构优化、抗扭结构等方面对结构方案进行构思。

模型的结构形式是前期重点研究的方向。模型的结构形式限定为拉索桥,具体索塔形式和拉索布置方式不限。在满足桥长、桥跨、通航等条件的基础上,需要构思出不同形式的模型结构,并对这些结构进行加载试验。

选择桥梁形式是本方案的优化角度之一。从刚开始有索塔的斜拉桥到无索塔的悬索桥到最后的张弦梁结构,都需要通过一系列试验和定量分析,选出最佳方案。在这个过程中,模型自重得到极大优化。

细部结构的优化研究。在同时存在小车移动荷载与风荷载的情况下,如果加入充足的材料构筑模型,一般均可达到两级加载目标,但往往在模型自重上不尽如人意。因此需在原来构思的模型的基础上,不断做减法,试验部件的破坏性能,并且通过有限元软件分析结构,去掉冗余部分,增强薄弱部分。

对抗扭结构的构思。当桥梁自重受到限定、桥梁构件极度简化时,在小车移动的过程中,长跨桥梁容易外翻。因此,在长跨采用箱形梁,增强纵梁的刚度。短跨变形小,可采用槽形纵梁,减轻重量。同时,利用张弦梁结构给桥梁施加预应力,增加结构的稳定性。此外,还需对构件的多种形式进行试验,选出最佳构件形式。

(3)模型方案设计

经过一系列模型对比,淘汰不合理的模型,近两次的模型如图1、图2所示。

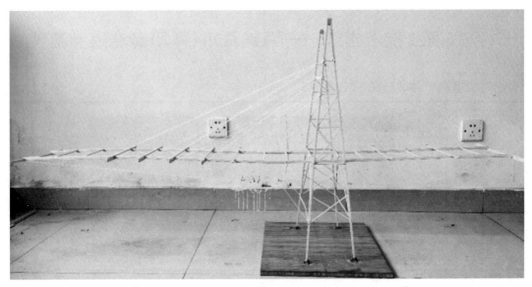

图 1　模型 1

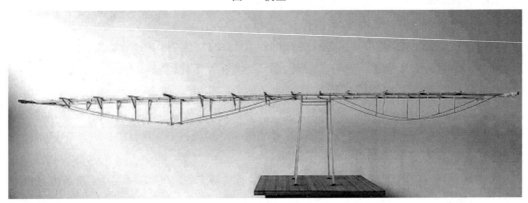

图 2　模型 2

表 1 中列出了两种模型的优缺点对比。

表 1　两种模型的优缺点对比

模型	模型 1	模型 2
优点	抗变形强、结构刚度强	模型轻巧牢固、承载能力强
缺点	自重较重	节点较难处理,对手工工艺要求高

总结:经过理论分析和实际加载试验,综合对比两种模型的承载能力、变形以及重量,我们选择模型 2 张弦梁桥作为本次参赛模型。

97.浙江安防职业技术学院——知行桥（高职高专组参赛奖）

（1）参赛选手、指导老师及作品

参赛选手	
王李凯 林佳和 徐磊	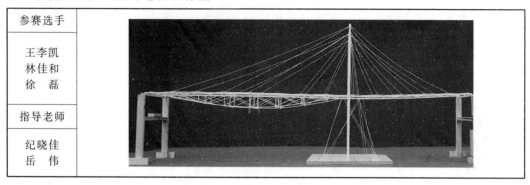
指导老师	
纪晓佳 岳伟	

（2）设计思想

本赛题为"不等跨双车道拉索桥梁结构设计与模型制作"，在设计过程中需要考虑桥梁在均布静荷载、偏心荷载、移动荷载作用下的加载，以及弹簧模拟风荷载带来的偏振影响。桥梁大跨结构部分的跨中抗弯偏载造成的抗扭、主梁的局部稳定性和支座处的抗剪能力等是设计过程中应解决的主要问题。

根据赛题要求，我们首先通过试验对竹材的各项物理力学性能参数进行修正，其次运用 MidasCivil 软件模拟桥梁结构形式，并对其进行理论数值分析。在理论分析结果满足承载要求的前提下，进一步优化截面尺寸，并不断通过模型加载试验来优化方案，减小由竹材本身的性能差异造成的理论分析误差。最后，基于模型设计要求、材料性能、加载形式和制作方便程度，我们采用竹材和胶水成功制作了"知行桥"桥梁模型，该桥梁模型能够满足强度、刚度和稳定性等要求。

（3）模型方案设计

根据赛题要求，我们制作了以下 3 种模型方案。

①模型 1

模型 1 为斜拉桁架桥，适用于动载小的情况。桥面为桁架结构，将桥面置于两支座上，相当于简支的悬臂结构。在荷载点施加集中荷载，集中荷载通过桥面传递至主梁，再通过主梁的桁架结构传递至支座。在施加静力荷载、偏心荷载以及动载时，不能有过大的挠度。模型 1 要求桥面和支座均有足够的刚度，对于桥面桁架结构的考验极大。此外，模型 1 整体结构较重，材料用量大。

②模型 2

模型 2 为斜拉组合桥，适用于动载较大的情况。模型 2 在模型 1 的基础上进行了改进，桥面的桁架结构基本不变，在悬臂端的跨桥支座上加了斜拉塔，增加了斜拉构件，使得传力方式不再仅由主梁上的桁架结构向下传递至支座。在施加荷载时，斜拉构件可以将桥面紧紧拉住,将主梁上的一部分力传递至塔柱,再由塔柱竖直向下传递,使得主体的桁架结构受力不再像模型1的那么大。模型2要求塔柱具有足够的强度和稳定性,保证施加荷载后杆件不会发生屈曲或者失稳。

②模型3

模型3为斜拉倒拱组合桥,是针对赛题荷载要求而设计的模型方案。模型3能够充分利用每个杆件,使整个拱面朝下起拱。桥面结构的倒拱结构起了承担荷载的作用,并且桥塔上布置的斜拉索可以减少结构变形。因此,桥面是主受力构件。整桥的竖向荷载由拉索承担,充分发挥了棉蜡线的抗拉能力。桥面梁板结构既用于通车,又作为受压构件平衡拱的水平力。中间的桥塔作为次结构,用来减少跨度,使整个结构自身锚固平衡。此外,模型3可以更加有效地节省材料。

表1中列出了3种模型的优缺点对比。

表1　3种模型的优缺点对比

模型	模型1	模型2	模型3
优点	结构稳定且制作容易	传力方式不再单一、荷载承受能力较好、挠度小,偏心时结构更稳定	结构轻盈,且能够充分发挥每个杆件的力学性能
缺点	传力方式单一、承受荷载能力较差且挠度大	斜拉连接在偏心时会有部分失效,塔柱旁边杆件容易发生屈曲	制作要求高、施加荷载后挠度较大

总结:经综合对比,我们选择模型3为最终方案,模型效果如图1所示。

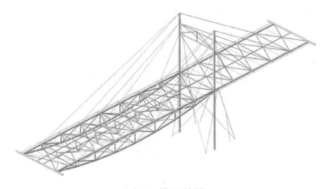

图1　模型效果

98.浙江宇翔职业技术学院——共富金桥(高职高专组参赛奖)

(1)参赛选手、指导老师及作品

参赛选手	
杨文豪 阮垚杰 王云龙	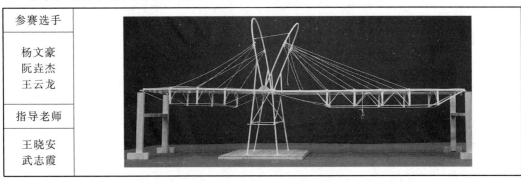
指导老师	
王晓安 武志霞	

(2)设计思想

本赛题为"不等跨双车道拉索拱桥结构设计与模型制作",我们从造型设计、结构原理、制作工艺等方面对结构方案进行构思。

①造型设计

模型由梁、斜拉索和塔柱三部分组成。整体形态简洁美观,灵感来源于蝴蝶"一双粉翅,两道银须;乘风飞去急,映日舞来徐;渡水过墙能疾俏,偷香弄絮甚欢娱;体轻偏爱鲜花味,雅态芳情任卷舒"。

②结构原理

桥柱的支撑体系为拱塔斜拉桥结构体系。索塔的两侧是对称的斜拉索,通过斜拉索将索塔主梁连接在一起。

③制作工艺

主体结构主要采用竹条、竹片。斜拉索采用棉蜡线材料,具有较好的受拉性能。黏结材料采用 502 胶水,黏结力强,能够满足结构受力特点。

(3)模型方案设计

表 1 中列出了两种模型的优缺点对比。

表 1　两种模型的优缺点对比

模型	模型 1(A 形塔柱)	模型 2(拱塔斜拉桥)
优点	制作简单、结构稳定	塔柱高度低,减轻了结构自重,省了材料
缺点	塔柱高度高、结构较重	制作烦琐

总结:综合对比两种模型的自重和结构合理性,我们选择模型 2 为最终方案。模型效果如图 1 所示。

249

图 1　模型效果

竞赛点评

本次竞赛全省共有 49 所院校、102 支队伍参赛,是迄今为止参赛人数最多的一次群英会。竞赛总体展现了各参赛单位对赛前各项工作的积极响应和精心准备,以及赛时聪明才智和精湛手艺的尽情发挥。竞赛全程视频监控和录像,按照赛事规则进行定性和定量的综合考评,做到全程公开、公平、公正,包括严格处理极少数雷同作品,对有争议和有投诉的作品通过视频回放等方式进行集体再评估。

本次参赛模型共计 102 件,结构形式丰富多样,从结构设计理念、构造到模型制作以及节点处理等方面,有单一、有复合,有传统、有创新,亮点纷呈,尤其是特等奖和部分一等奖作品,设计新颖、制作精美、结构合理、力学概念清晰、指标完美,充分展示了中国建筑业先行省"浙里建造"新生力量的水准。

"天下难事,必作于易;天下大事,必作于细。"这也是大学生结构设计竞赛的意义和竞赛长盛不衰的原动力,借此机会送同学们三段话以共勉。

一是喜欢工程。凡事喜欢了就好办了,我们这个"搬砖"行业是"万岁"行业,能雁过留痕,传承历史文化;能苦中有乐,比从事一般行业更能实现人生价值。通俗地讲,做这一行绝不会"穷哈哈"。

二须敬畏结构。前段时间长沙房屋倒塌事件让人痛心不已,1998 年投资 4 亿元的宁波招宝山大桥(也就是我们这次竞赛的斜拉桥结构类型)在合龙之时主梁轰然断裂。各种各样的建筑安全事故和隐患从未间断。我们从事的是民生工程,是人命关天的行业,任何小小的监管漏洞、设计缺陷、偷工减料、使用不当、维护和监测不力,均有可能造成毁灭性的后果。以上情况在本次竞赛中同样出现:一些作品,出现结构体系模糊、制作粗糙、杆件多余、节点不牢固,以及加载不慎密、人为操作失误等诸多硬伤。模型可以失败,实际工程不容许失败,更存不得半点侥幸、马虎和矫揉造作,敬畏结构要有惶恐之心、专业之行、创新之力。

三要创新发展。同学们在学校应掌握扎实的专业基础知识,并有广泛的知识面,你可以喜欢吃鸡手游、王者荣耀,但更要知道茅以升和港珠澳大桥,要培养学习能力,坚持终身学习,创新的源泉在于持之以恒的学习。结构竞赛的终极目的就是培养学生,培养行业新生代,激发学生个人以及融入团队后的综合创造力,艺高才能胆大,团队才能产生合力,最终成为有价值的结构大师、大匠。

匠心筑梦,笃行致远,在场的同学们都是未来建筑业的精英。虽然两天的比赛时间很短,但这将是一次美好的记忆和新的起点。你们工作之时适逢新一轮新基建、大基建的风口,衷心祝福中国从建筑大国迈向建筑强国的华丽转变在你们这一代人手中实现!

浙江省第二十届大学生结构设计竞赛亮点

1.永久确定了浙江省大学生结构设计竞赛的会徽和会旗,徽标设计采用"Z""空间结构""钱塘潮水"等元素,徽标体现了浙江特色,生动传达了"传承创新、协调合作、绿色环保、开放共享"的理念(见图1、图2)。

图1　浙江省大学生结构设计竞赛会徽

图2　浙江省大学生结构设计竞赛会旗

2.结构设计竞赛与"五育"并举,与立德树人相结合。在竞赛期间组织观看爱国主义教育影片,增强师生理想信念和责任担当。

3.属地管理,疫情防控周密到位,首次创建结构设计竞赛现场闭环管理新模式。

4.首次征集、设计、制作赛徽和赛旗,填补浙江省大学生结构设计竞赛前19届没有正式标志的空白,使大赛文化传承得以提升。

5.首次研发使用专家现场模型制作评审打分系统,提升了竞赛管理的时效性。

6.本次竞赛的参赛规模最大,共有49所高校(本科29所、高职20所),102支参赛队伍(本科61支、专科41支);扩大了参赛高校师生的受益面。

7.首次采用聘请企业专家作竞赛点评,从企业的实际角度出发对参赛作品作精细点评,效果很好。

8.为感谢企业对高校结构竞赛的大力支持,秘书处首次组织对竞赛冠名企业和资助企业颁发"突出贡献奖"和"贡献奖",以示致谢。

9.结构设计竞赛与土木建筑和水利类教学指导委员会会议相结合,会上正式通过确定从2023年开始,教指委将作为浙江省大学结构设计竞赛的指导单位,进一步提高竞赛组织的指导力量和质量水平。

10.按照全国大学生结构设计竞赛委员会的规定,首次实行浙江省一等奖直接报送全国竞赛秘书处参与全国等级奖评定,进一步激发、调动浙江省高校师生的参赛积极性。

温正胞院长闭幕式致辞

尊敬的各位专家、来宾，兄弟院校的老师、同学们：

大家下午好！

浙江省"大经·宜和杯"第二十届大学生结构设计竞赛暨全国大学生结构设计竞赛浙江省分区赛历时 3 天，顺利完成各项预定任务，圆满落下帷幕。本次竞赛吸引了来自全省 49 所高校，102 支队伍，共计 306 位选手参赛。竞赛的举办得到了浙江省大学生科技竞赛委员会秘书处的指导和充分肯定。在此，我谨代表学院党委和全体师生，向在本次竞赛中取得优异成绩的选手和代表队表示衷心的祝贺！向为本次竞赛服务的各位专家、裁判和工作人员致以崇高的敬意！向各级指导单位和为竞赛提供支持的各协办单位表示由衷的感谢！

本次竞赛在全体参赛队伍和承办单位的共同努力下取得了丰硕的成果。参赛选手们表现出了扎实的理论功底和模型制作能力。在竞赛过程中，他们克服重重困难，通力合作、全心投入，永攀竞赛高峰，体现了强烈的竞争意识和团队意识，全面展示了当代大学生的创新精神和良好的精神风貌，体现了竞赛举办的初衷。

回顾整个竞赛，各支参赛队伍高效的团队合作、沉稳的心理素质、过硬的专业技术，给我们留下了深刻的印象。不管奖项花落谁家，我都要为善于合作、勇于思考、敢于挑战的同学们点赞。你们专注的神情和奋斗的姿态，将永远留在杭州科技职业技术学院的校园剪影里，这也是你们成长的足迹。

在 3 天的时间里，来自全省的专家、企业代表、老师和同学们相聚在校园内，一起比赛交流，一起切磋技能，共同提高技能水平。大家结交了新的朋友，结下了深厚的友谊，留下了一段难忘的记忆。今天，竞赛虽然即将落下帷幕，但是我们提升技术技能的脚步不会停歇，我们将以本次竞赛为新的起点，立足本职、刻苦钻研，不断提高技术技能水平。我们也希望大家今后常到杭州科技职业技术学院来参观交流、指导工作，将合作、交流、共进的竞赛氛围延续到今后的工作和学习中，促进我们共同发展、共同进步。

当然，竞赛期间我们一定有服务不周之处，敬请各位领导、专家、老师和同学们包容和谅解。

最后，祝愿浙江省大学生结构设计竞赛越办越好，祝愿本次竞赛中涌现出的优秀选手在国赛中取得更加优异的成绩，为浙江争光。

谢谢大家！

浙江省大学生科技竞赛委员会

浙江省第二十届大学生结构设计竞赛获奖名单公示

浙江省第二十届大学生结构设计竞赛于 2022 年 6 月 3—5 日在杭州科技职业技术学院举行,共有 49 所高校,102 支参赛队,306 名学生参赛。经专家评审,共评出特等奖 1 项、一等奖 15 项、二等奖 21 项、三等奖 31 项,单项奖 4 项,优秀组织奖 14 项,现予公示。如有疑义或参赛信息有误,请于公布之日 5 天内向竞赛秘书处提交书面材料,并请专家复议。

浙江省第二十届大学生结构设计竞赛获奖名单(本科组)

序号	参赛学校	参赛学生姓名	指导教师	奖项
1	浙江工业大学	周浩、钟可、姚臻	王建东、许四法	特等奖
2	浙江农林大学暨阳学院	刘可东、金怡婷、邵俊华	吴新燕、杨锦	一等奖
3	浙江树人学院	金彬、叶卓琛、徐文龙	沈骅、金晖	一等奖
4	台州学院	张喆隆、许泽骏、王聪	指导组	一等奖
5	台州学院	王宇洋、赵建峰、王伟烨	刘树元、沈一军	一等奖
6	浙江树人学院	汤海超、万奔腾、郑佳豪	楼旦丰、金晖	一等奖
7	宁波大学	袁学志、何存睿、谢振洪	汪炳、林云	一等奖
8	温州理工学院	罗云、陈巽、卢志强	指导组	一等奖 最佳制作奖
9	绍兴文理学院	庄东暖、申屠存、方佳楠	冯晓东、姜屏	一等奖
10	温州理工学院	方思雯、郑亮亮、庄凯特	指导组	一等奖
11	浙江师范大学	傅王涛、包建祥、刘雪燕	徐淑娟、陈志文	二等奖
12	浙江农林大学暨阳学院	杨大嵩、沈钰、汪斌	杨锦、吴新燕	二等奖
13	温州大学	李世凡、吴书梦、程家怡	秦伟、林亨	二等奖 最佳创意奖
14	宁波工程学院	娄中凯、朱云川、陈欣雨	朋茜、孙筠	二等奖
15	温州大学	赵前辉、应伟杰、孙少敏	秦伟、叶昌鹏	二等奖
16	宁波大学科学技术学院	张胜、王博、徐江涛	张幸锵、马东方	二等奖
17	浙江广厦建设职业技术大学	张皓文、鲁涵哲、黄晨浩	屈红娟、张涛	二等奖

续表

序号	参赛学校	参赛学生姓名	指导教师	奖项
18	浙大宁波理工学院	钟滨、潘芸珂、赖金萍	王恒宇、刘玮	二等奖
19	宁波大学	陈国豪、王大江、陈秋杭	王万祯、丁勇	二等奖
20	浙江农林大学	苏振国、陈鹏伟、沈海林	张智卿、杨英武	二等奖
21	浙江理工大学	胡景琪、杨乐、吴金晟	指导组	二等奖
22	绍兴文理学院	曹晨、谭幸森、吴汐晗	梁超锋、李泽深	二等奖
23	丽水学院	彭沙、李常文、周新煜	唐小翠、李铭	二等奖
24	浙江水利水电学院	张炜桦、王睿婷、刘心愉	指导组	三等奖
25	浙大城市学院	李源、潘骏峰、覃薛杰	黄英省、廖娟	三等奖
26	浙江大学	陈雨晴、袁梦、姚健	万华平、邹道勤	三等奖
27	丽水学院	徐达军、张泓、李宗耀	李旭平、胡长远	三等奖
28	浙江水利水电学院	施佳斌、孔伊涵、曲贝贝	指导组	三等奖
29	浙大宁波理工学院	胡天乐、杨余迪、仲菱	查支祥、苏丹娜	三等奖
30	嘉兴学院	雷强、夏杰、柴小棒	指导组	三等奖
31	浙大城市学院	傅相东、张敏、郭辛瑶	黄英省、廖娟	三等奖
32	浙江万里学院	屠振宇、徐皓旸、刘禹星	管斌君、郭晶	三等奖
33	浙江海洋大学	肖纪研、杨德睿、林沈杰	指导组	三等奖
34	浙江海洋大学	蓝乐、杨永峰、张艺善	指导组	三等奖
35	浙江工业大学	朱宏青、王劲骁、杨腾中	王建东、谢冬冬	三等奖
36	绍兴文理学院元培学院	张文、缪剑波、高月明	于周平、张聪燕	三等奖
37	浙江万里学院	冯鑫宇、李浩、陈会发	管斌君、方勇锋	三等奖
38	浙江大学	张子妍、蓝逸、周丹妮	吴昌聚、万华平	三等奖
39	浙江师范大学	方海涛、葛锴均、叶怡彤	章旭健、吴樟荣	三等奖
40	宁波大学科学技术学院	李梦婷、周洁、沈泸伟	马东方、张幸锵	三等奖
41	绍兴文理学院元培学院	潘家锋、杨梦淇、陈小聪	于周平、张聪燕	三等奖
42	浙江理工大学科技与艺术学院	何翊廷、董克锞、陈文龙	童颜泱、徐怡红	参赛奖
43	浙江理工大学科技与艺术学院	林文杰、苏佳壕、严茹丹	柯玉萍、郑家乐	参赛奖
44	浙江广厦建设职业技术大学	范卓嘉、曾雨佳、林广震	蒋聪盈、朱谊彪	参赛奖
45	宁波大学	沈语桐、邱语辰、程心悦	周春恒、张振文	参赛奖
46	衢州学院	唐家权、姚楚仪、蔡静薇	许友武、田芳	参赛奖
47	浙江理工大学	邱逸夫、吴涛、张铭霖	指导组	参赛奖
48	嘉兴南湖学院	黄勇勇、林佩佩、高航	吴祥松、周禹鑫	参赛奖

续表

序号	参赛学校	参赛学生姓名	指导教师	奖项
49	嘉兴南湖学院	王凯臻、徐吉尔、谢龙翔	朱成、马腾飞	参赛奖
50	衢州学院	宋皓、赵应天、宋竞辉	许友武、王雅南	参赛奖
51	宁波工程学院	沈星宇、张嘉言、黄喆	张振亚、吴朝晖	参赛奖
52	浙江科技学院	沈嘉悦、富伟炬、徐怡玟	曲晨、夏永强	参赛奖
53	浙江科技学院	张乐乐、陈涛、梁嘉澍	边祖光、樊磊	参赛奖
54	同济大学浙江学院	朱禹舟、华紫霖、陈何塘	李红、李燕	参赛奖
55	同济大学浙江学院	曹晖、庞来恩、应林吉	李红、李燕	参赛奖
56	浙江大学	陈建业、叶子豪、李欣阳	万华平、邹道勤	参赛奖
57	浙江工业大学	黄昊、孙培耘、黄展赫	王建东、付传清	参赛奖
58	嘉兴学院	王静雯、李灵烨、于锐新	指导组	参赛奖
59	浙江农林大学	姚乐凡、范梦竹、倪一飞	张智卿、杨英武	参赛奖
60	宁波财经学院	陈笑涵、娄文翰、黄琪	李延芳、叶笼汉	参赛奖
61	宁波财经学院	温如奇、郭奕烜、张俊杰	陈祥、王少彬	参赛奖

浙江省第二十届大学生结构设计竞赛获奖名单（专科组）

序号	参赛学校	参赛学生姓名	指导教师	奖项
1	湖州职业技术学院	奚晴、王卓祥、张银果	黄昆、魏海	一等奖 最佳创意奖
2	杭州科技职业技术学院	郑伊蕾、梁永昌、蔡绿丹妮	郑君华、于正义	一等奖
3	杭州科技职业技术学院	杨涛涛、张立博、董蒙菲	郑君华、姚本坤	一等奖 最佳制作奖
4	湖州职业技术学院	徐孜、董皓天、张佳泉	李建华、谢恩普	一等奖
5	浙江同济科技职业学院	刘飞、陈俊杰、龚力喜	庞崇安、朱希文	一等奖
6	浙江工业职业技术学院	赵翔、蔡启鹏、张一展	罗烨钶、单豪良	一等奖
7	浙江同济科技职业学院	钟晶森、阿杜拉日、曾子豪	张炜、项鹏飞	二等奖
8	台州职业技术学院	杨宇涛、郑雨宣、毛浴潮	项伟、陈姚	二等奖
9	义乌工商职业技术学院	熊森、陈亮、王佳怡	金跨凤、卢海燕	二等奖
10	嘉兴职业技术学院	吕晋晋、邱萍、李王佳琦	程振东、章晴雯	二等奖
11	台州科技职业学院	高阳、蒋城、严彬彬	吕志超、朱念恩	二等奖
12	台州科技职业学院	周红刚、强昊楠、曹胜前	吕志超、符立华	二等奖
13	嘉兴南洋职业技术学院	金飞、相东涛、杨堰丞	廖静宇、孟敏婕	二等奖
14	浙江工业职业技术学院	陈佳楠、许梦、秦秋伟	单豪良、罗烨钶	二等奖

序号	参赛学校	参赛学生姓名	指导教师	奖项
15	浙江长征职业技术学院	张涌、胡勇峰、陈靖	刘莹、朱小艳	三等奖
16	杭州科技职业技术学院	刘影、刘仁豪、马小波	郑君华、李中培	三等奖
17	温州职业技术学院	申屠斯翰、吴凌峰、卢成伦	刘跃伟、张婷婷	三等奖
18	嘉兴南洋职业技术学院	费佳怡、卢苏温、周易润	廖静宇、孟敏健	三等奖
19	金华职业技术学院	吴思倩、沈逸妙、余晗日	赵孝平、蒙媛	三等奖
20	宁波职业技术学院	聂怀勇、竺梅芳、王嘉振	刘平、于兰珍	三等奖
21	浙江长征职业技术学院	李柳金、陈朝彬、尉佳妍	杨蕊、贺文	三等奖
22	金华职业技术学院	朱博豪、孙佳豪、吴靖昊	赵孝平、李卫平	三等奖
23	宁波职业技术学院	郑定康、张勇、卢佳聪	于兰珍、刘平	三等奖
24	浙江建设职业技术学院	盛雄杰、解峰、邝逸铭	指导组	三等奖
25	浙江宇翔职业技术学院	王依波、项志轩、王钰树	王晓安、王思权	三等奖
26	浙江建设职业技术学院	任臣杰、周暄雯、唐一帆	指导组	三等奖
27	绍兴职业技术学院	王彦皓、冯栋、张章禹	杨震樱、张磊	三等奖
28	绍兴职业技术学院	屠茜茜、王浩男、郑韬	丁立、李建栋	参赛奖
29	义乌工商职业技术学院	沈含笑、朱舒贤、钟宇杭	徐春龙、徐燕君	参赛奖
30	嘉兴职业技术学院	张海滨、邱榕倍、曹佳慧	常中权、章晴雯	参赛奖
31	浙江安防职业技术学院	刘智博、赵坚、吴廷洋	岳伟、纪晓佳	参赛奖
32	浙江安防职业技术学院	王李凯、林佳和、徐磊	纪晓佳、岳伟	参赛奖
33	温州职业技术学院	朱宇宁、汪晨笛、徐安盈	徐成豪、卢声亮	参赛奖
34	宁波城市职业技术学院	姜毅、谢宏睿、张青云	仓盛、符德军	参赛奖
35	浙江工商职业技术学院	杨阳、张楷、王振烨	周灵展、王玉靖	参赛奖
36	浙江宇翔职业技术学院	杨文豪、阮垚杰、王云龙	王晓安、武志霞	参赛奖
37	丽水职业技术学院	蒋固良、张思宇、蔡旭骏	刘冰、占陈文	参赛奖
38	台州职业技术学院	贾俊、倪琦璇、费乾涛	项伟、邱巧巧	参赛奖
39	浙江工商职业技术学院	朱琼玮、丰晋泽、陈威	周灵展、王玉靖	参赛奖
40	宁波城市职业技术学院	何喜乐、俞晨斌、赵聪荣	杨嘉琳、徐晓东	参赛奖
41	丽水职业技术学院	黄磊、胡凯、陈景祥	刘冰、吴飞	参赛奖

浙江省第二十届大学生结构设计竞赛优秀组织奖获奖名单

浙江大学、杭州科技职业技术学院、衢州学院、台州学院、浙江工业大学、浙江科技学院、浙江树人学院、宁波大学、温州大学、嘉兴学院、湖州职业技术学院、宁波职业技术学院、浙江建设职业技术学院、浙江同济科技职业学院。

浙江省大学生科技竞赛委员会

2022 年 6 月 21 日

浙江省第二十届大学生结构设计竞赛参赛院校

（除主办单位外，以高校首字母拼音排序）

 丽水学院

 台州职业技术学院

 浙江工商职业技术学院

 浙江农林大学暨阳学院

 浙江安防职业技术学院

 金华职业技术学院

绍兴职业技术学院

浙江长征职业技术学院

浙江农林大学

 宁波城市职业技术学院

 嘉兴职业技术学院

绍兴文理学院元培学院

宁波工程学院

浙江理工大学科技与艺术学院

 宁波职业技术学院

 嘉兴学院

绍兴文理学院

浙大城市学院

浙江理工大学

 浙江宇翔职业技术学院

 嘉兴南洋职业技术学院

衢州学院

义乌工商职业技术学院

浙江科技学院

 浙江万里学院

 嘉兴南湖学院

宁波工程学院

温州职业技术学院

浙江建设职业技术学院

 浙江同济科技职业学院

 湖州职业技术学院

宁波大学科学技术学院

温州理工学院

浙江海洋大学

 浙江水利水电学院

 杭州科技职业技术学院

宁波大学

温州大学

浙江广厦建设职业技术大学

 浙江树人大学

 浙江工业大学

宁波财经学院

同济大学浙江学院

浙江工业职业技术学院

 浙江师范大学

 浙江大学

丽水职业技术学院

台州职业技术学院

台州学院